# 超值影响力

陶乐丝・卡耐基 / 著

**图书在版编目（CIP）数据**

超值影响力 /（美）卡耐基著；牧村译．-- 南昌：二十一世纪出版社集团，2015.6（2022.4重印）

ISBN 978-7-5568-0819-9

Ⅰ．①超…　Ⅱ．①卡…　②牧…　Ⅲ．①成功心理－通俗读物　Ⅳ．①B848.4-49

中国版本图书馆 CIP 数据核字 (2015) 第 101302 号

**超值影响力**　　陶乐丝·卡耐基 / 著

**责任编辑**　敖登格日乐
**出版发行**　二十一世纪出版社集团
（江西省南昌市子安路 75 号　330009）
www.21cccc.com　cc21@163.net
**出 版 人**　张秋林
**经　　销**　新华书店
**印　　刷**　三河市人民印务有限公司
**版　　次**　2015 年 8 月第 1 版　2022 年 4 月第 3 次印刷
**开　　本**　880 mm × 1230 mm　1/3
**印　　张**　6.75
**字　　数**　130 千
**书　　号**　ISBN 978-7-5568-0819-9
**定　　价**　28.00 元

**赣版权登字—04—2015—391**

如发现印装质量问题，请寄本社图书发行公司调换 0791-86524997

# 目　录

## 第三部 推动他的四个大方向



## 第四部 怎样应付这种情况发生……



## 第五部 协助丈夫应该注意的盲点



## 第六部 如何使他成为一个骄傲的男人

## 第七部　创造一个甜蜜的家庭



## 第八部　如何让全世界都支持他



## 第九部　人生的两大目标：健康和财富



## 第十部　你是全世界最棒的人

# 作者简介

陶乐丝·卡耐基

几年前，我在一家商业学校教授有关人格发展的课程。那些17岁到20岁的年轻女孩子，都是准备要到社会上服务的。

有一次，我为了自己所需要的数据而准备了一份简短的问卷，要每个学生以不具名方式把它填好交出。其中有个问题是："你想你会在十年内结婚吗？"答案竟毫无例外的"肯定"。另一个问题是："如果你必须在事业和婚姻之间做个选择，你要选择哪一项？"又是一次完全一样的答案——每一个学生都选了"婚姻"。

这样的答案对于身为老师的我，意义太重大了！

于是，我再向她们强调未来在事业上要如何成功，而开始鼓励她们——能够使她们在老板的眼里变得重要的条件，同样也可以使她们变成贤良的妻子。这种说法可真有效。

由前述的调查可知，大部分的女人都会把婚姻看成她们人生的首要"目标"。

所有的女人都一样，希望她们的婚姻是幸福的——而且她们也希望自己的丈夫事业成功。那么，是不是能够找出一套基本的原则，来引导妻子达成这些目标？我想是有的。

在我主持卡耐基妇女讲习会（包括人格发展、人际关系与说话技术的课程）的工作里，我接触到各式各样的妇女问题。也使我深深地感受到一个事实，即能够成功地帮助丈夫的妇女，她们只是运用一些简单的原则罢了。

本书就是要把这些基本原则整理出来，以使任何一位女士都能轻易地了解和应用。我尽可能使用我所认识的人的生活经验，来描述这些规则。这些人有许多曾经是卡耐基讲习会的学生。书上所有的例子，都是真实而亲切的故事。

我很感谢他们让我说出他们私人的故事；我也很感谢一些杰出的男士和女士，包括许多企业家接受我的访问，而且允许我节录他们的谈话。

有些读者也许会得到一个错误的印象，以为我把一个幸福家庭的责任，完全放在女人的肩上。其实我认为男人也有着同等的责任。但是，这本书只是针对妻子方面的影响力来做探讨的，说明她们应如何尽到自己的义务，作为婚姻的好帮手，而帮助她们的丈夫成功的一些方法。

“成功”这个词需要下个定义。我认为一个成功的男人，就是能从事于带给他满足感和成就感工作的人——此外，他和妻子与家庭，还要维持一个十分良好的人际关系。

社会学家、精神学家和其他专家们，可能会反对我所列出来的规则，认为这些公式并不能一概适用——如果丈夫是酒鬼、无业游民、恶棍和天生的蠢材，那怎么办呢？

当然，不会有一种规则，可以百分之百地一概适用。我是为一般的读者而写的，他们拥有一般的愿望、才智和能力。特殊的个案必须由专家来处理。本书所描述的原则，大约可得百分之九十的效果——无论如何，都算是很高的比率了。这些规则都用简单的方式说出，我的整个目的是，使这些规则尽量确实而有用。

我真希望能够向你保证，如果你依照这本书上的建议规则去做，你就能够帮助你的丈夫变成一个成功者。这种事情并不是不可思议的。现在，要聚积一大笔财富已经很难了，而且，当一个人爬得愈高，路也就变得愈窄，但是我却可以向我的读者保证：任何女人只要灵巧与明智地运用这些原则，她就可以减除掉许多障碍，使她的丈夫不再老是站在阶梯下仰望，她一定可以发挥很大的力量，激励她丈夫的潜能，使他在社会上发挥出最大的才华，成为她可以放心倚靠的、一个更加无忧无虑的幸福男人。

第一部

# 成功的第一步

## 1. 帮他决定将来的方向

1910 年有两个外地的年轻人，在纽约合租了一间廉价公寓。其中一个是戴尔·卡耐基——一个来自密苏里州玉米栽种区，是个未经世故的幻想家，就读于“美国戏剧艺术学院”，另一个是来自马萨诸塞州的乡下孩子——惠特利。

戴尔告诉我，惠特利出身农家。他和其他穷困的乡下孩子大不相同，因为他决心成为——一个大公司的大老板。

惠特利最初在纽约找到的工作，是在一家大食品连锁店当零售店员。他对工作充满了干劲，为了更了解业务状况，便利用午餐时间到批发部门去帮忙。他这样做并不为了得到别人的感谢和额外的薪水；这事被该部门的主任知道了，不久有一个更好的工作出缺，主任就想到惠特利而把工作留给他。

随着岁月的消逝，惠特利渐渐地爬了上去，从店员升为业务员——然后部门主管——地区性经理。其间不免会有失望和挫折。在一家公司服务多年之后，他感到自己已到了穷途，因为总裁一系在公司巩固势力，他就被排挤出来。后来到另一家公司他发现晋升的根据是年资——他知道他到死都无法成为决策性的高级职员。但是他一直没有忘记自己的目标。当他变成“搁子包装公司”的总裁时，终于达到了目标。后来，他创设了“蓝月乳酪公司”。

这个乡下孩子当时曾对在那间讨人嫌的无炊公寓里的室友说：“有一天我要当一家大公司的董事长”这句话并不是痴人说梦。他是在肯定自己的内在信念，为自己立下一个目标，藉以鼓舞自己一生中的每一个步伐。

为什么他会轰轰烈烈地成功而那么多人都失败了呢？他工作努力——可是别人也一样努力。他只在工作闲暇时自修，所以学历也不是问题的答案。重要的是他明白他的方向。当他加班，当他换工作，当他学习业务上的新枝节时——他的一切作为都是为了一个目的。

漫无目的人是不能成功的。他们茫茫然地找个工作、茫茫然地结婚、茫茫然地过活，痴心妄想地期望事情会改变，心里却没有一个清楚的欲望和野心。

纽约新温斯顿饭店的“转职诊断处”的创办人及指导人恩·约特女士，给不满意自己工作的人提出参考意见。我花了好几个下午和她讨论失业的问题。她告诉我大部分上门求救的人，主要的问题是不明白自己的希求是些什么。她所做的第一件事，就是帮助他们找出自己心里的希望和野心来。

因此，我也要说做妻子的所能协助丈夫的，便是帮他找出生活的目标是什么，然后才能明确地协助丈夫奔往这一理想。

合著《婚姻指南》的赛门和伊瑟格琳，相信快乐的婚姻需要具有共同的理想。至于理想是什么并不重要——一幢新房子，一趟欧洲之旅，或是一个大家庭……共同分享一个理想才是重要的。

“重要的是……”他们说，“必须先有一个目标，然后尽力使它实现，快乐、情趣、参与感是由构思、幻想和希望之中得之，从共享胜利与失望、成功与失败之中得之。”

堪萨斯州威基塔东街的威廉·葛理翰夫妇，他们之所以获得人生的成功便是因为这个道理。在威基塔“威廉·葛理翰油料公司”是个很赚钱的公司，负责人威廉·葛理翰便是决策者。当他还只十多岁时，已经可以从油料经营和投资中赚得可观的利润，他和夫人玛丽因此拥有许多令人羡慕的人生财富：6个孩子、健康、富有、漂亮的房子、成功的事业——这一切他们仍能以未来的岁月去享受。

我认识威廉·葛理翰多年，当我请教他成功的最大因素时，他回答说：“长程计划的协调作业。”他们夫妇俩结婚不久之后，便开始做赚取佣金的房屋不动产买卖。除了希望成功和埋头工作之外别无其他后援，他们的办公室是借用一幢办公大楼的废弃通道的一角，玛丽在这里负责联络，威廉便到处找生意，开始的时候业务进展很不顺利，这对年轻的夫妇时常苦于三餐无着落。

当业务有了转机之后，他们便自己买房子再脱手赚一笔。然后，自己再另行盖房子。这时他们经营状况太好了，但威廉觉得自己精力充沛，应另谋新的发展。

经过几次家庭会议，他们觉得石油生意最理想，他们渴望业务成长与变革的机会和挑战性。这是“威廉·葛理翰石油公司”诞生的经过，这个公司一直是非常成功的实例。目前威廉正想另谋新发展，他和玛丽正考虑国外投资，而一旦他们决定，他们便会努力让它实现。

当他们为自己制定计划和选目标时，葛理翰夫妇时常考虑到威廉所受过的训练、能力和性情。玛丽说，威廉一旦实现了一项计划，他必然要另寻一个挑战性的难题，避免自己失去了干劲。由于有这种观念，他们使生活充满了挑战和成就感。

葛理翰夫妇的成功是一个由订下计划，实行计划，而直达目标的证明。没有人能够不经瞄准，便命中成功的靶心。瞄准目标即使我们会有一点偏失，但是这样至少比我们闭上眼睛盲目射击更接近靶心。

已故的哥伦比亚大学名教授狄恩·海伯特赫基思说：“混乱是忧虑的主因。”

混淆不清不只是忧虑的主因——它是成功的最大绊脚石。因此帮助先生出人头地的第一步，便是鼓励他们为生命找到重心，立下一个目标。

成功对你先生及对你的意义是什么，它意味的是——财富？名望？安全感？权力？服务社会？满意的工作？

这正是你和你先生应该深思的一些问题。因为成功的意义是因人而异的。找出成功对你的意义是什么，以决定你生命的目标！

做妻子的应该彻底了解先生的目标，如果她要帮助他达成那些目标的话。不幸的是，却有许多例子告诉我们，当双方都有所准备打算开始时——却发现彼此的方向背道而驰。

假如你先生知道自己的志向，不要以为这就够了。你也应该参与他那远大的计划。“相爱并不是双目对视——而是与对方朝同一个方向看。”我不知道这句话是谁说的，但它的确是给有进取心的夫妻最好的忠告。

【摘要】

●成功的第一步是——“帮助你先生决定他的目标！”

## 2. 当一个目标达到了——再定下一个

尼克·亚历山大最希望的是上大学。他是在孤儿院长大的——那是一种老式的孤儿院，孩子们从早上5点一直工作到日落，伙食既粗劣，又不够。

尼克是个聪明的小孩——太聪明了，因此14岁就从中学毕业。以后，他投入社会，自力谋生。他最初找到的工作，是在一家裁缝店里当缝衣匠。14年来，他一直在那工作；接着，那家裁缝店加入了工会。工资提高了，工作时间也缩短了。

同时，他很幸运地娶了一个女孩，她愿意帮助他实现上大学的梦想。但事情并不容易。在他们结婚之后不久，也就是1922年，店里开始裁员，于是他们这对年轻的夫妇决定自己去闯天下——把他们的存款聚集起来，开了一家"亚历山大房地产公司"，在宾州亚顿市西普洛维达斯街100号。尼克的太太莉萨，甚至把她的订婚戒指也卖掉了，以便增加他们那笔微薄的资本。

两年之间，生意兴隆，于是莉萨坚持尼克去上大学。终于，他在36岁的时候得到了学位——这是他在人生道路上抵达的第一里程碑。

尼克再回到房地产事业来——这次他是他太太的生意伙伴。他们又有一个新目标了——在海滨建筑房子。终于，那个梦想也实现了。

他俩就这样坐下来享受了吗？不！他们有一个小女孩要教育。如果他们能把他们商业大楼的分期付款缴清，把大楼变成公寓出租，收入的租金就能用作孩子的大学费用了。因为一心一意要达到这个目标，最后，他们当然又达成了这一目标。

亚历山大太太告诉我，他们目前在为他们的退休金努力了。现在尼克单独主持事业，莉萨则退居第二线照顾家里。

亚历山大夫妇过得忙碌而幸福，因为在他们的面前，总是有一个目标，引导他们去努力。他们已印证萧伯纳这句话的真理：“我厌弃成功。所谓成功就是意味着在这世上已没有自己可做的事了。正如雄蜘蛛一旦授精完毕，立即被雌蜘蛛刺死。我喜欢不断地进步，目标永远在前面，而不是在后面。”

许多人终其一生只是醉生梦死，他们没有真正的目标，而只活在一度空间，过一天算一天。那些从人生中收获最多的人，都是警觉地等待看机会，机会一来就马上攫取，他们都有个明确的——目标。

在长程的计划上，最好是把每五年划分为一个阶段去求实现。你可以这么计划——在5年之内，你的丈夫就可以拿到他的大学文凭，准备好升迁；在10年内，他就可以升为小主管了等等。

引用一位太太所说的话："我希望我丈夫永远不会感到自我满足而停顿下来。我们结婚五年来，每一年都有一个目标——首先，是他的学位，接着是进修课程，然后是一年的自由投稿工作，现在是他自己的事业。一等到他告诉我，他的钱够了、教育够了、经验够了，我知道那就是我们蜜月终了的一天了。"

"不论你做什么事情，千万别忘了最终的目标，那么你就不会失去什么了。"

【摘要】

●一个目标达到之后，马上再立下另一个目标，这是成功的要诀。因此，人生要不断地追求新的目标，再一一达成。

## 3. 使丈夫对工作热衷的方式

已故的佛尼德利·威尔森，曾任中央纽约铁路公司的总裁。有一次他在广播的访问中，被问及如何才能使事业成功，他回答："我深切地认为，人生的经验越多，对事业就会越认真，这是个容易被人忽略的成功秘诀。成功者和失败者之间的聪明才智，差别并不大。如果两者的实力不相上下的话，对工作较热忱的人，一定比较容易成功。一个虽无实力但富有热诚，和一个虽具实力但不热诚的人相比，前者的成功也往往会胜过后者。

"所谓富有热诚的人，是不论他的工作：是挖土、是经营大公司，都会认为自己的工作是一项天职，而热爱它。对自己的工作热诚的人，不论工作有多困难，或需要多大的磨炼，他始终会用不急不躁的那种从容态度去进行。只要抱着这种态度，任何人都不怕无法达成目标。爱默生说过：'有史以来，任何一个伟大的事业，没有热诚不是而成功的。'——其实，这不是一段单纯而美丽的话语，而是迈向成功之路的指标。”

如果读了本书，除了只体会到对工作具有热诚是最重要的事，此外没有其他所得的话，也没有关系；光是这一点，就足以帮助你的丈夫迈上成功之道了。

因为对工作热诚，是一切希望成功的人——不论是创造杰作的艺术家、卖肥皂的人、图书馆的管理员或追求家庭幸福的人，所必须具备的条件。

热诚（enthusiasm）这个字眼，源自希腊语，意思是“受了神的启示”。

对工作抱有热诚的人，具有无限的力量。耶鲁大学最著名最受欢迎的教授之一威廉·费尔，在他那本富有启示性的《工作的兴奋》中写道：“对我来说，教书凌驾于一切技术或职业之上。如有热诚这回事，那么这就是我的热诚了。我的热爱教书，正如画家的爱好绘画、歌手的酷嗜歌唱、诗人的醉心写诗。每天起床之前，我就兴奋地想着有关学生的事……人之所以能够成功，最重要的因素就是对自己每天的工作，始终抱着热诚的态度。”

因此，你必须帮助丈夫培养对工作热衷的习惯。你也许会问我：“那要如何培养呢？”我准备在下一章告诉你方法。不过——你必先使你丈夫认清自己的工作，抱着热衷的态度，是一个相当重要的观念。

你不妨告诉你的丈夫，任何一位事业的老板，都知道雇用热诚的人的重要性，也知道这种人难能可贵。汽车大王亨利·福特说过：“我喜欢具有热诚的人。他一热诚，就会使得顾客也热诚起来，于是生意就成了。”

“十分钱连锁商店”的创办人查尔·华尔华斯也说过：“只有对工作不热诚的人，才会到处碰壁。”查理士·考伯则说：“不论对任何事都热诚的人，做任何事都会成功。”

当然，这也不能一概而论。譬如一个毫无音乐细胞的人，不论如何热衷和刻苦努力，都不可能变成一位大音乐家。话说回来，凡是具有必备的才气，有着可能实现的目标，并且极具热诚的人，做任何事情都会有所收获，不论物质上或精神上都一样。

即使需要高度技术的专业工作，也需要这种热诚。伟大的物理学家亚皮尔顿·爱德华曾帮助发明了雷达和无线电报，也获得了诺贝尔奖。时代杂志引用过他一句发人深省的话：“我认为一个人想在科学研究上有所成就的话，热衷的态度远比专门知识来得重要。”

这句话如果出自普通人之口，可能被认为是傻话，但出自像爱德华这种权威的人物，意义可就深长了。如果在科学的研究上，热衷都这么重要，那么像我们丈夫那么普通的职员，岂不是更需有高度的热诚呢！

关于这点，我们可以引用著名的人寿保险推销员法兰克·帕特的一些话加以说明。他那本《我如何在推销上获得成功》在销路上，突破以往任何一本有关如何推销的书籍的记录。

以下是他的著作中所列出的一些经验之谈：

当时是1907年，我刚转入职业棒球界不久。当时我受到空前未有的最大的打击——因为我被开除了。球队的经理，因为我的动作不起劲，有意要我走路。他对我说："像你这样慢吞吞的，好像是在球场混了20年的老手一样。老实跟你说，法兰克，离开这里之后，无论你到哪里做任何事，若不打起精神热衷起来的话，你一辈子都不会有希望的！"

本来我的月薪是175美元，走路之后，我到宾州参加了亚克兰斯克球队，月薪减为25美元。薪水这么少，我做起事来当然没有热诚，但我决心努力试一试。待了大约10天之后，一位老队员名叫丹尼·米亨，把我介绍到柯莱几卡的新凡去。在新凡的第一天，我的人生有了一个新的契机，使我至今印象深刻。

在那个地方没有人知道我的过去，我就决心变成新英格兰最具热诚的球员。为了实现这点，当然必须采取行动才行。我一上场，就好像全身带了电。我强力地投出了快速球，使接球的人双手都麻木了。记得有一次，我以猛烈的气势冲到了三垒，当时那位三垒手吓呆了，球便漏接了，我也盗垒成功。当天气温高达华氏100度，我在球场奔来奔去，极可能因中暑而倒下。

这种热诚所带来的结果，真令人吃惊，它衍生了下面三个作用——

一、我心中所有的恐惧完全一扫而尽，而发挥出意想不到的技能。

二、由于我的热诚，也带动其他的队员热诚起来。

三、我没有中暑；在比赛中和比赛后，我感到从没有如此健康过。

第二天早晨，我读报的时候，兴奋异常。报上说“那位新进的帕特，无疑是个霹雳球，全队的人由于他而兴奋到底。他那一队不但赢了，而且作了本季最精彩的一场比赛。”

由于热诚的态度，我的月薪也由 25 美元直升为 185 美元，加了 7 倍。后来的两年里，我一直担任三垒手。薪水增加了 30 倍之多。为什么呢？只是因为我的一腔热诚，再也没有别的原因了。

但后来，由于帕特的手臂受伤，不得不放弃棒球生涯。接着，他到飞特利人寿保险公司当保险推销员。可是一年多的时间都没有什么成绩，因此他很苦恼。但他后来，又变得热衷起来，就像当年打棒球的经历那样。

目前，他已是人寿保险界的红人。不但不时有人请他撰稿，还有人请他演讲自己的经验。他说：“我从事推销，已经有 30 年了。我见到许多人，由于对工作抱着热诚的态度，使他们的收入成倍数地增加起来。我也见到另一些人，由于缺乏热诚，而到处碰壁。我深信唯有热诚的态度，才是成功推销的最重要因素。”

如果热诚对任何人都能产生这么令人瞠目的效果，那么对你丈夫当然也应该有同样的功效。

从上面所提到的那些人看来，可以得到如下的结论，热诚的态度，是做任何事的必需条件，请你务必使你的丈夫深信此点。任何人只要具备了这个条件，他的事业，必会飞黄腾达。

乐队指挥鲍勃·克劳斯贝的儿子，曾被问及他的父亲和他的叔叔克劳斯贝每天的生活情形。他回答："他们始终都在愉快地工作。"

"那你长大之后希望怎样呢？" 好奇的人又问他。

"也是愉快地工作。"这位年轻的克劳斯贝毫不迟疑地回答。

对工作热诚有劲的人，都是愉快地工作着。

如果你希望自己的丈夫平步青云，从今天开始，就应该使他确立对工作认真的观念，即热诚态度的重要，再帮他实行下一章的 6 个方法。

## 4. 提高热忱的6种方法

我深知这6个规则很有效，因为我看过它们一次又一次地被应用成功的例子。所以不妨请你的丈夫也来试试看，保证可以提高他的热忱。

**第一，学习每件你所负责的特定工作，以及这些工作和公司整体的关系**

许多人都会觉得自己只是依附一部巨大的、毫无人性的机器上的一个齿轮，因为他并不知道自己负责的工作的重要性——同时，也由于他本身除了别人要他天天去做的工作以外，并不想学习其他任何有关的事情。

知道这个古老的故事吗？有人问起两个一起工作的泥水匠，他们正在做什么，其中一个回答："我正在砌砖。"而另一个则说："我正在建造一座大教堂。"充分解释一件工作或是产品，可以增进热心。名记者M•泰贝儿说过，她有一次费了好几个星期，去为一篇500多字的文章搜集大量的资料——虽然事实上她只用资料的极小部分。因为她认为那些没有使用上的数据将会增加她的实力——由于她所知道的比写这篇文章所需要的更多，所以她下笔起来就更轻松、更有信心、且更具权威。

班杰明·法兰克林在小时候就已懂得这个秘诀。那时候他在一家臭气冲天的肥皂工厂里打杂。由于他努力地学会了整个制造程序，所以他虽然对成品所做的贡献十分微薄，却也感到相当自得。

工厂常要把产品的制造过程教给推销员，虽然这些训练在贩卖给老主顾的时候很少派上用场。但是对自己的产品全盘了解，有助于推销员对顾客推销时，能够更有权威和热心——也造成了更好的销路。

任何事我们知道得越多，就会越对它有强烈的热心。所以如果你的丈夫对他的工作不够热心，便该找出它的原因。很可能就是因为他对自己的工作知道得不够——或是不了解自己对整个工作所做的贡献。

**第二，订出目标，耐心完成**

一个人必须固定他的目标，如果他立志要成功的话。首先他必须知道他正在为什么目标而工作，然后他才会像一只斗犬追逐猫儿那样地紧追不舍。一个知道目标的人，就不会因为挫折和失败而泄气。

班杰明·法兰克林曾经说过："让每个人确定他的工作或职业，然后耐心地做好它——如果他想成功的话。"

英国诗人赛弥尔·雷基是个最该听取这个劝告的人。他所遗留给后代的诗作大部分都是未完成的。他把自己的才华分散得太琐细而浪费掉了。他生活在一个梦幻的世界里。他常常几乎可以完成一些事情，但是他从没有完成过。在他死后，查理士·兰姆写信给他的朋友说："雷基死了，据说他留下了40000多字有关行而上学和神学的论文——但没有一篇是完成的！"

和你的丈夫讨论他对于未来的希望，以帮助他厘清他的目标和野心，鼓励他尝试完成明确的目标，而不要做那些不着边际、遥不可及的幻梦。

**第三，每天都要勉励自己**

也许有些孩子气，但很多成功的人士都发觉这个方法是个很好的"热心建立法"。新闻分析家卡特本说过，当他年轻而毫无见识的时候，在法国挨家挨户推销东西时，每天出发以前都要先对自己说一番勉励的话。

魔术大师瓦特·沙斯顿常常在他上台前大声喊道："我爱我的观众！"一次又一次，直到他的血液在静脉里沸腾起来，然后才走到舞台上，呈现出一次充满活力和愉快的表演。

大部分的人都在昏昏沉沉的状态中生活。为什么不在每天一早对自己说："我热爱我的工作，我将要把我的潜力完全发挥出来。我很高兴这样活着——我今天将要百分之百地过这一天。"

**第四，养成服务的人生观**

亚里士多德提倡"利己主义的进化"，这对每个一心向上的人都是好方法。

一个为自己的工作者，一只眼睛注视着时钟，另一只眼睛则注视着他的薪水袋，这样的人必定很没干劲、很懒，而且不会成功。

服务别人会引起自己的热情——许多有能力的人从事低薪的社会服务和传教工作，而不去选择比较利己的职业以赚取更多的钱，这就是例证。

自我本位主义者，也许一时占了些便宜，但若以长远的眼光来看，还是终归失败。周围有人伸出手来援助我们，比之有人伸出脚来绊倒我们，不知幸福多少。

**第五，结交热心的朋友**

爱默生说："我最需要的是有个人来激发我的勇气，使我做我能做的事。"

换句话说，就是——鼓励！

我们没有办法控制我们丈夫的工作环境——但是我们可以找到足以刺激丈夫更有创造力的思考和朋友。

如果你想要你丈夫散发出热力，就让他生活在对事情很机警、有干劲而且清醒的朋友的影响之中。每一个团体都有这种人——把寻找这种人作为你的职责，并且帮助丈夫和他们交往。然后注意着这种交往在他身上引起了多少变化，而引发出他的理想。

还有一些相对的建议——是派西·怀登在《推销的五大原则》书中所提出来的有价值的劝告："避免和那些闷闷不乐、缺乏热心、做事慢半拍的人交往！"

**第六，强迫自己热心工作，你将会变得很热心**

这不是我的主张。威廉·詹姆斯教授在我还未出生之前就在哈佛大学阐述这个哲学了。

詹姆斯说："如果你想要某一种情绪，你就要像你已经有了这种情绪那样行动起来。而假装你已经有了这种情绪，就会使你真的拥有了这种情绪。所以，如果你想要幸福，就幸福地工作；如果你想要痛苦，就痛苦地工作；如果你想要热心，就热心地工作。"

法兰克·帕特是《我如何在推销工作上获得成功》一书的作者，他说一个人可以应用这个原则来改变他的一生。显然他是深谙此理的——这是他自己的经验。

【摘要】迈向成功的第一步

●帮助你丈夫确立目标，并助他向这个目标努力迈进。

●当一个目标达成了，再订下一个；以五年为一个阶段来计划和实施。

●把热心的重要性告诉你的丈夫。告诉他——他的工作可以为别人做什么，以及可以为他自己带来什么。

●鼓舞他应用以下6个方法引发出他的热心：尽力学会有关他工作上的每件事；建立一个目标并耐心地完成；天天为他打气加油；建立服务的人生观；和热心的人士交往；请他试着热心地行动，而他将会变得很热心。

# 第二部

# 激励丈夫的基本功

## 5. 学习有效的倾听

1950 年 12 月，皮尔·琼斯在芝加哥从五楼顶跳下来自杀。他跳楼的原因是由于忧虑和害怕。他那曾经十分辉煌的事业，因为他扩展得太快而遭到了危机，债权人正在催逼他，他的许多支票在银行里都无法兑现。最糟的是，他无法向太太启齿说明这场灾难。因他太太一向以他的成就为荣，因此他没勇气告诉她这些事，他害怕这些残酷的事实，会使她从幸福的天堂跌入羞耻和绝望的深渊中。

于是，他被困境逼到了他自己仓库的屋顶。他犹豫了一下，然后就跳了下去。他跌下时冲破二楼窗上的遮阳棚，跌落在人行道上。以常识来判断，他是没指望了；但是，使人不敢相信的是，他受到的最大伤害只是摔破了大拇指的指甲！最可笑的是，他所摔破的遮阳棚是他所拥有唯一完全付清款项的财产。

等他意识恢复过来，发觉自己还活着时心里十分庆幸。和这个奇迹比起来，他从前的麻烦都不再是严重的了。五分钟以前，他还觉得他的生命是一无是处——现在他为活着而感恩。他赶忙回家把整个事情说给太太听。他太太一阵惊慌——但只是因为他从没有把他的麻烦告诉她而已。她坐下来开始想办法为他解除危机。几个月以来皮尔·琼斯首次可以放松心情去做一些正确与具建设性的积极思考。

现在的皮尔·琼斯在稳定的脚步下，有了一个成功的事业，不再有无法付款的债务了。更重要的是，他已经学会了和太太一起面对困难。当时，皮尔·琼斯很可能只因不知太太也能和他一起渡过难关，而丢了自己的生命！

皮尔·琼斯的故事告诉我们，如果丈夫不信任自己的太太，不能完全算是太太的责任。有些男人，譬如皮尔·琼斯，觉得让事业上的忧虑来麻烦自己的太太有伤男人的自尊。男人想带给太太所有美好的东西，想成为一个把成功的荣耀和上等的皮草大衣带回家的大男人。当事与愿违的时候，他们想尽办法隐瞒事实，以免妻子的小脑袋里装满惊骇与不安。他们耻于承认自己是有弱点的。他们从没有想到，让他们的太太一同来解决这些难题，才是聪明的。

可是，更常看到的是一些男人很想把他们的困扰向太太倾诉，但是太太们都不想或不知道该如何去倾听。

1951年秋天，富比士杂志刊出了一篇名为《现代企业家夫人评论》的调查报告。他们引述一个心理学家的话说："一个妻子所能做的一件最重要的事情，就是让她的先生把在办公室里无法发泄的苦恼都说给她听。”

能够尽到这个职责的妻子，被赞誉为是“安定剂”、“共鸣板”、“哭墙”和“加油站”。

这个调查研究也指出，男人要的是主动、灵巧的听众，他们不需要听劝告！

任何一个曾经在外面工作过的女人，都可以了解到，如果家里有个人可以倾吐这一天所发生的事，不管是好的或是坏的，都是很值得安慰的。在办公室里，常常没有机会对发生的事情发表意见。如果我们的事情特别顺利，我们也不能在那儿开怀高歌；而如果我们碰到了困难，我们的同事也不想听这些麻烦事——他们已有太多自己的困扰了。结果，当我们回到家，我们觉得自己内心的积郁必须一吐为快。

通常的情形是这样的：

杰克雀跃不已地回家来，有点上气不接下气地说道：“老天！梅儿，这真是个伟大的日子！我被叫进董事会里去告诉他们有关我所做的那份区域报告，他们要我把建议说出来，所以……”

“真的吗？”梅儿随口应着，一副心不在焉的样子，“那真好！亲爱的，我有没有告诉过你那个早上来修火炉的人？他说有些地方需要换新了。吃过饭后，你去看一下吧！”

“当然，蜜糖。噢，我刚才说的，这是老苏洛克蒙顿要我向董事会说明的。起初我有一点紧张，但很幸运的！我引起他们的注意了。甚至连比理斯都深受感动。他说……”

梅儿：“我常说他们并不够了解你重视你。杰克，你必须和孩子谈一谈他的成绩单！这孩子今年的成绩太糟了，他老师说如果孩子肯加强的话，一定可以念得更好。可是我实在想不出有什么好方法！”

到了这时，杰克发现他在这场争夺发言权的战争之中，已经失败了。于是，他只好把他的得意和酱牛肉一股脑儿吞到肚子里，然后做完有关火炉和孩子成绩单的指定任务，就闷声不响了。

梅儿难道自私得只想要她的问题有人听就好了吗？不是的；她和杰克同样都有找个听众的基本要求，可惜她把时间搞错了。其实她只要全心全意地听杰克在董事会里所得的赏识，杰克就会在自己尽兴之余，很乐意地听她大谈家事了。

善于听讲的女人，不仅能够给自己先生最大的安慰和纾解——她也同时拥有了一个无法估价的社会资产。一个沉着、真诚的女人对别人的谈话能专注，适时所发问的问题显示出，她已经把谈话中的每个字都领会了，这种女孩子最容易在社会上成功。不只是在她先生的男友群中成功，而且也会在她自己的女士群中深受欢迎。

才气纵横的狄克•杜摩里，把一个懂得礼貌的男人描述成，“当他自己最清楚了解的事情，被一个完全不懂的门外汉说得天花乱坠时，他仍旧很有兴趣地倾听着。”女人也都适合于这个原则。

一个善于倾听的人，事实上有时候也会被一些唠唠叨叨的人搞得烦死了。但是，通常善于倾听的人将会获得许多知识。

女演员玛娜·罗伊在一篇写给纽约前锋论坛报的文章里，写到当她接任联合国教育、科学和文化组织代表的工作以后，“倾听和学习”就成为她的口号了。她说，与来自不同国家的许多代表谈话，使她大大地增加对那些国家的问题的了解。

罗伊小姐解释说：“有许多时候，你也必须在谈话中忍受无聊的话题及想开口的冲动，但是我觉得被认为是一个好听众，总比喋喋不休令人生厌的情况不知要聪明多少呢！”

那么，怎样才能真正成为一个“好听众”呢？

至少要具有下列三个条件——有三件事是好听众所必须做到的：

**第一，使用眼睛、脸孔及整个身体——而不只是耳朵**

专心的意思是一切机能的集中。试试看对那些把眼睛东张西望，把手指头轻敲着椅子，以及把身子侧对着你的人解释某件事！如果我们真正热心地听别人说话，我们就会在他说话时望着他，身子会稍微向前倾着，脸部会有表情变化的反应。

玛丽·威尔森是魅力的权威，她说：“如果听众没有什么反应，很少人能够把话讲得好。所以当说话者打动了你的心，你就应该动一下身体——就像你心里的一根弦被震动了，你就该稍微改变一下坐姿。”

如果我们想要成为好听众，就必须显得我们好像很感兴趣——我们必须训练我们的身体的灵活机敏。请你注意看看那只在洞外守候老鼠的猫的表情，它是你最好的老师。

**第二，发挥诱导对方答话的询问**

所谓诱导对方答话的询问，就是一种把询问人所期待的答话，巧妙地向对方暗示的技巧。单刀直入地询问，有时显得莽撞、无礼而惹人嫌恶，但是诱导性的问题则可以刺激谈话，并且继续推动话题。

“你怎样处理劳工和主管的问题？”是一个单刀直入的问法。

“史密斯先生，你难道不觉得让劳工在某些范围里，与主管获得相互的妥协是很有可能的吗？”则是一个诱导性的问法。

诱导性的问话，是任何一个想要成为好听众的人所必备的技巧条件。如果要聆听丈夫的谈话，而且看起来并没有提出他所不想要的劝告，这个做法也是一个不会失败的技巧。我们只要像这样发问：“亲爱的！你认为做更大的广告可能会增加你的销路，或者是一种冒险呢？”提出这样的询问并非正面的劝告，但是常常会得到想要的结果。

当我们碰到一个陌生人的时候，正确的发问方法是克服羞怯，或打破沉闷的绝佳工具。人们谈到天气、棒球和谈某某人的疾病，总不若谈自己的想法来得忘我。一个想法可以引导出另一个想法。

**第三，永远，永远不可泄露秘密**

有些男人从不和妻子讨论事业问题的原因是：因为这些男人无法信任太太，难保她不会不把这些事情，泄露给她的朋友或美容院的人知道。他们讲给太太听的每件事情，一从她们的耳朵进去就要从她们的嘴巴出来。“我家约翰希望在维基先生退休以后，坐上公司的经理位子。”这是在桥牌桌上随便溜出口的话，但是第二天就有人打电话给维基的太太了——于是，可怜的约翰就在完全不知道其中缘故的情况下，被暗中排挤掉了。

有一个总经理就告诉过我说，他在家里谈论公司里的问题，竟也会流传到使他的部属丧失信心。

“我很讨厌在超级市场或鸡尾酒会里大谈公事。那些女人真是太多嘴了！”

甚至还有一些女人会搬出丈夫说过的话，好在争论中打垮他！

“你自己亲口承诺过，你明明说今年不换车子，结果你却换了——而现在你说我浪费太多钱去买衣服。难道只有我奢侈吗？”

像这样的场面多发生几次，这位妻子就别想再从她先生那里听他大谈处理业务失误的困扰了。她先生将会发现一个事实：看清楚自己只不过是给了太太一些把柄，来打倒自己而已！

要成为一个能了解心事、善于听话的人，做妻子的并非连丈夫极细微之事都要知道；例如丈夫是制图人员，他并不希望妻子连制图的方法也会知道。他只要妻子对他做的工作感兴趣，在他发生困难时能给予同情，并且能时时关心，那就可以心满意足了。

我认识一个会计师，娶了个女人，她对于会计的了解，就像我对于分子的理论那样一窍不通。但是我的朋友却说："甚至在我公司里发生极技巧性的问题，我都可以向她说个痛快，而她似乎都很直觉地领悟了。回到家里，坐到她的身边，我知道她将会同情且有耐性地听我讲话，这是多么奇妙而幸福的事！"

真的，一对敏感而训练有素的耳朵，将会使女人更加可爱，使她有一个比特洛尹城的海伦还要美丽的脸孔——而且也为她的丈夫带来莫大的益处。

【摘要】好听众的三个条件——

- 用脸部表情和身体姿势，来表达你正在倾听对方的话。
- 学习以适当的方式询问。
- 永远不要泄露秘密，以免失去他对你的信赖。

## 6. 你所嫁的两个男人

查斯特·威尔德说过："任何一个人，事实上都是两个人，一个是他真正的自己，另一个是理想中的自己。"

如果一个人本来是怯懦的，他就想要勇敢些；如果他没有人缘，他就想要变成受人欢迎；如果他缺乏自信，他就渴望成为毫不畏惧的人。

妻子的职责就是帮助先生成为他理想中的那个人。不要挑剔他，也不要拿他来和隔壁的某某人相比，更不要去逼他工作过量，应该温柔地鼓励和赞赏、为他加油打气。

玛丽·威尔森写道："当男人受到妻子的赞美，当他们听到了，'你真了不起！我很以你为荣！真高兴你是属于我的！'这种话的时候，几乎是没有人不会意兴风发的。"

许多杰出的男人都可以证明这种说法的真实性。例如鲍伯·帕克斯先生，他拥有帕克斯货运，住在田纳西州洛克斯维里城的西狄柏街209号。

帕克斯先生在写给我的信中说道：

我确信！一个男人不但可以成为他理想中的人，而且也可以成为他太太所期望于他的人。多年来，我用过许多人，但是在我和他们的太太谈过话以前，我绝不会把一个责任重大的职位交给他。妻子的处世，以及她热心鼓舞她先生的士气到如何的程度，可以决定一个男人在事业上的成败。我自己就是一个很好的例子。

我太太在嫁给我以前真是要什么有什么——双亲宠爱、受过良好教育、家庭富裕美满。我没有钱、只受过很少的教育、没有什么可以运用的资产——除了有个想要闯天下的欲望，以及她对我的信心与信任之外，我可说是一无所有。

在我们婚后头几年的困苦日子里，当我面对着失败与挫折而奋斗的时候，她的体谅和不断的激励，鼓舞着我继续冲刺。

在我的生命中，如果有了什么成功，都是由于妻子始终如一的支持和协助。过去几年来，她患了重病，但并没有因此而消极；她的第一个想法仍然是要帮助我。早晨我离家的时候，她从不会忘了问我："鲍伯，今天有没有什么事，要我替你办？"当我回家的时候，她就要听听我这一天的情形。我祈祷着我永远不会令她失望！

不幸的是，不是每个女人都像帕克斯太太；她们只是一味想要自己的丈夫，超过本身的能力范围，马上摇身一变成为她们想象中的样子。这种女人爱慕虚荣、梦想财富、开新车子、穿高贵的衣服、加入一流的俱乐部，于是她们的丈夫就永远没有满足她们的时候了。

使男人进步的方法，并不是要求他，而是鼓励他。

我们应该怎样鼓励一个男人，使他成为理想中的样子？要不吝于给他勉励和赞赏——要找寻出他的特长，并帮他发挥出来。

如果他缺乏自信心，我们可以提醒他曾经做过哪些需要勇气的事情："记得那一次你告诉老板，如何在你的部门里减少浪费的事吗？那真需要很大的勇气——真了不起，你做到了啊！"连最怯弱的米开斯特，也会拿出更多的勇气去努力，如果有个女人向他表示他是镇静而且能干的话。甚至他还会觉得实际上他自己是比表现出来的更勇敢——于是他将会这样地行动起来。

这种技巧难道不会比告诉他："我不知道你为什么从来都不能替自己讲话。你甚至不敢对那小猫小狗说一个'哼'字。"要来得更好吗？尤其是在他的野心要比向一只小动物说一声哼更大的时候。

"做妻子的永远不可以对丈夫说：你失败了！"玛格丽特在写给四海杂志的一篇文章里如此劝告我们，"如果他真的失败了，他的老板将会毫不迟疑地告诉他。但是在家里，在用餐，在床上时，我们应该勉励他，说他是能够成功的。向丈夫说：

你无论如何也不会成功了！只会使这句话更快实现罢了。”

完全是真的！而相反的——一个女人明智地说出一些经过选择的话，可以改变一个男人对自己的整个评价，使他的人生观焕然一新。

汤姆·钟斯顿住在曼彻斯特城的蒙特街300号，是个年轻的二次大战退伍军人。他在战争中受了伤，一条腿有点残废，而且疤痕累累。幸运的是，他仍然能够享受他最喜欢的运动——游泳。

在他出院以后不久，有个星期天他和太太在罕布顿海滩度假。做过简单的冲浪运动以后，汤姆先生在沙滩上享受日光浴。不久他发现游客都在盯着他。从前他没有在意过自己满是伤痕的腿，但是现在他知道这条腿太惹眼了。

又一个星期天，他太太提议再到海滩去度假，但是被他拒绝了——说他不想去海滩而宁愿留在家里。他的太太却有不同的看法：“我知道你为什么不想去海边，汤姆，你开始对你腿上的疤痕产生错觉了。”

汤姆先生说：“我承认了我太太的话，然后她向我说了一些我一辈子也不会忘记的话。这些话使我心里充满了喜悦，而和她到海滩去。她说：‘汤姆，你腿上的累累疤疮正是你勇气的徽章。你光荣地赢得了这些疤痕，却怎么想把它们隐藏起来呢！要记得你是怎样得到它们的，而且要堂堂皇皇地带着它们。现在走吧，我们一起去游泳。’”

汤姆去了，他知道他太太已经除掉了他心中的阴影，他将会有更光明的开始。

某年的春天，波士顿商会的营业经理俱乐部，主办了一个有关推销术的课程，为期 5 个晚上，大约有 500 名推销员和营业人员参加。她们欣赏了一个特别的节目，告诉她们一些去鼓舞她们丈夫变得更智能，而得到更好的业绩的方法。

其中有一位演讲者是戴维・包尔博士。他是营业顾问，西尔斯协会会长，而且是《迈向新生活》一书的作者。他勉励每一位太太在每天早晨送她先生出门时，务必使她先生能信心十足而且愉快地吹着口哨，如果她希望先生提高销售效果——以及带回家的薪水。怎么做呢？让他觉得他已经成为他理想中的那个人了。

“对他说，他多么潇洒——即使他对服装的品味都早已落伍了。赞美他所喜爱的领带的花样。恭维他的风度，而不要提起前天晚上在宴会上失态的事。告诉他，你知道他正要去征服所有的顾客——如此他一定会真的做到的！”

如果像包尔斯博士这种杰出的营业顾问，都相信这种方法是有效的，那么你我为什么还不试试看呢？无疑的，我们将要获得——更快乐和更热心的丈夫——是非常值得去努力的。社会上很多由失败而又神奇复活的例子，也都是由鼓励而产生的、由一些赞赏的话而造成的。

很夸张吗？再看看艾利・卡柏森的例子，他是个杰出的桥牌专家。有一次他告诉我的丈夫说在1922年刚来到美国的时候，尝试做过很多事情都完全失败了，那时他甚至是个最差劲的桥牌手。但是当他娶了一个名叫约瑟芬的迷人桥牌老师以后，他的运气改变了。她说服他，使他相信自己是个深具潜力的桥牌天才！他太太的鼓励终于使他选择桥牌作为事业。

的确！真诚的赞美和激赏，是能有效使男人发挥出最大潜力的方法，值得每一个人去试试。有一天我们将会失去两个丈夫里头的一个，而保留了一个——那个他想要变成的理想中的人物！

## 7. 山穷水尽时——不妨做个信徒

19 世纪末，密西根底特律的电灯公司，以周薪 11 元雇了一名年轻技工。他每天工作 10 小时，回家以后，还常常花费半个晚上，躲在屋后的一间旧棚子里工作，一心想要设计出一种新的引擎。

他的父亲是个农夫，他确信他的儿子只是在浪费自己的时间。邻居们也都说这位青年是个大笨牛，每个人都在笑话他。没人认为他笨拙的敲敲打打，将会造出什么好东西来。

除了他的太太，再没有人相信他了。当一天的工作完了以后，她就在小棚子里帮他进行研究。天色很快变暗的冬天，她就提着煤油灯，使他能够工作。她的牙齿在寒冷中颤抖着，手也冻成了蓝色。但是，她深信她先生的引擎终有设计成功的一天，所以她先生戏称她是他的“信徒”。

经过了 3 年的艰苦岁月以后，这个异想天开的稀奇玩意儿终于研究成功了。1893 年，在这个年轻人 30 岁生日的前夕，他的邻居们都被一连串奇怪的声音所惊骇。跑到窗口，他们看到那个怪人——亨利·福特——和他的太太，正乘坐着一辆没有马的“马车”在路上招摇前进！那辆车子真的可以跑到转角那么远而又跑回来呢！

一个新的工业就在那晚诞生了——一个将会对这个国家有很大影响的工业。如果亨利·福特是这个新工业之父，当然福特夫人这位“信徒”就有权利被称为新工业之母了。

50 年以后，福特先生——这位相信灵魂轮回再生的人，被问到他下一次出生时希望变成什么。福特先生说：“我不在乎，只要我能够和太太在一起。”他终生都称他的太太为“信徒”——而且希望来生仍和她厮守。

每一个男人都需要一个信徒，一个在环境顽抗他的时候，一心护着他的女人。当什么事情都不对劲的时候，当他在告急的时候，当他失意的时候，男人需要一个太太的支持来巩固他的抵抗力和信心，让他知道没有任何风雨能够动摇她对他的信任。如果连他的妻子都不信任他，还有谁会信任他呢？

信任是一股积极的力量——因为始于信心的，是不会终于失败的。

罗伯也是个好例子，他住在康乃狄克州布里斯特城克浓街 2 号。

罗伯·杜贝一直想要做个推销员。1947 年他的机会终于来了——招揽保险。但是任凭他多么努力，事情都不见好转。他对没有卖出的保险感到懊恼与担忧。由于紧张而痛苦，使他最后必须辞职以免精神崩溃。在我面前有一封他的信，告诉我这个故事：

我觉得我完全失败了，但是我的太太，坚持这只是一时的挫折。“下一次你将会成功！”她不断告诉我，“不要担心，我知道你有办法成为一个成功的推销员。”

他在一家工厂里找到事做，他太太也是。但是她不让他忽略掉外表和谈吐。他说：“在接下去的一年半之中，妻子不断地赞美我的优良气质，并且指出我是天生具有推销员的才华——一些甚至我自己都不知道我有的才华！如果不是她持续不断的鼓励，我可能已经放弃再试一次看看的勇气。她不愿意让我放弃‘你具有这种能力！’她一次又一次激励我‘只要你努力就能办到！’”

我怎能辜负她这么深切的信任！她成功地在我身上建立了我对自己的信心。我离开工厂而回到推销工作上，这一次我十足信任自己了——因为我身旁有了个信徒！我仍然有一段长路要走。但是，谢谢妻子，至少我已经上路了。她已经使我深信，只要我真想成功我就能够成功。

如果我要雇用一名推销员，我会认为一个有这种太太的男人，是最值得寄予厚望的。这种信徒不会让她们的丈夫失败。

她们在一次挫折以后，会适时地扶起她们的丈夫，疗好他们的伤，然后把他们送回激烈的竞技场上。

西盖·洛柯曼尼诺夫，这位伟大的俄籍音乐家，在25岁的时候已是个成功的作曲家。由于过分自负，所以当他写了一首很不成功的交响曲后，他觉得十分颓丧，而过了许多灰暗的日子。最后他的朋友带他去看尼可拉斯·达尔医师。一次又一次地，这位心理专家反复给他这个想法："你的身上潜藏着伟大的东西，等待着你向全世界展现。"

这个想法，渐渐地在洛柯曼尼诺夫心里生了根，他对自己的信心终于苏醒了。第二年他就完成了他那伟大的C小调第二号协奏曲——并且把这首曲子题献给达尔医师。当这首曲子首次公演的时候，观众们都热爱得发狂；于是洛柯曼尼诺夫又再一次回到成功之路了。

鼓励对于男人，就如燃料对于引擎一样，可以使男人的引擎永远发动。它使人们精神上的电池充足了电，是反败为胜的动力。

所谓"运气"，有时候会挫减我们的锐气，有时候甚至严重到使我们挺不起胸膛来！但是如果有我们所爱的人告诉我们："别放在心上。这种小事还打不倒你，我相信你一定会赢的！"那么事情就大不相同了。

《圣经》上也这样说："信仰，是坚信所希望的事情，确认尚未看到的事实。"

这和妻子们对丈夫的信仰是相同的。这样的妻子以其特殊的洞察力，来看出别人所看不到的（她的丈夫的）特质。她们是凭借自己的眼睛和内心的爱情来看出这些的。

不过，不管怎样的信心，不把它表现出来就毫无作用了，所以对丈夫的信心，必须用言词和行动，诸如赞美他的品性，褒奖他的才华，以及热切的鼓励，柔情的安慰，来把它表现出来。

【摘要】

●学习做一个善于听话的人：用脸部表情和身体姿势，来表达你对说话者的注意力；学习以适当的方式询问；切不可使丈夫对自己失去信赖。

●赞美与激励你的丈夫，帮助他成为他理想中的人。

●当丈夫不如意的时候，你唯一的选择——做他的信徒。

第三部

# 推动他的四个大方向

## 8. 了解他的工作并帮助他

有一天早上，公共汽车里的乘客都伸长着脖子——一个娇小敏捷、衣着入时的女士，在肩上扛着一把猎枪跳上了车！

这是个广告噱头？或是个女超人？许多乘客都在他们的座位上纳闷着，直到最后这位女士到了站，平静地扛起“武器”跳下车去。

公共汽车的司机也同时松了口气。其实，这只不过是伊特丽·费雪在帮她先生的一位顾客的忙，把这支赊账买来的猎枪，送回到原来的店里去。

梅尔·费雪住在密苏里州圣路易城拉度山 9 号，是一家家电公司的成功推销员。他的太太曾经想出许多方法来帮助他推展工作，所以他戏称他太太是他的“我的星期五”（“星期五”是《鲁宾逊飘流记》中那位忠实仆人的名字）。

“我先生连吃饭、睡觉与呼吸都充满了对工作的热心，自然地我也感染到一些这种热情。过去 25 年来，我曾想出各式各样的方法去帮助他——至今我还是很喜欢这些工作！”

这位夫人设法不使丈夫操心繁杂的琐事，而让他能将全副心力用到顾客的接待和业务的推展上去。她深信只要她的丈夫，能从这些杂务中解脱出来，他就更能集中精力，发挥出最大的潜力。

由于她的丈夫每天回家时总有很多的信件要处理，她就学习打字；由于她丈夫的业务区域遍及 30 余个州，一个人来开车是很大的负担，她就学习驾驶。她曾这样说：“我曾经有这么一个经验，有一次从泰晤士广场开车到金门，一面让梅尔在车子里舒舒服服地睡觉。”

甚至她的癖好，也和丈夫的工作配合着。其中有一项是搜集旧熨斗，在这些旧熨斗中竟有 150 年以前的。这在举行推销货品展览时用来陈列，会收到很大的效果。

出于她亲自出力推动事业，所以她从丈夫的成功之中，获得更多的成就感。当费雪先生在田纳西的最近一次销售会中说完话以后，有一位听众跟他说：“我不知道今天晚上谁对你的演讲最感兴趣——是推销员还是你的太太呢？”

妻子能热心倾听，是一种最好的广告，难怪费雪先生会把他的太太当成不可缺少的精神支柱了。

遗憾的是，有许多女人没有想过要做费雪太太做的事——“他雇来的女秘书是干什么用的？”她们若不是这么说，便是说，“如果公司愿意付给我薪水，我当然也可以做他的小帮手，但是到了那个时候，他已经可以像我这样，把自己的工作愉快地做得很好了！”

也好，这是他们的前途，不是我的。但是有时候太太的一点额外帮忙，的确可以推动男人，使得他走得更快更稳。

至于你能帮你的丈夫哪一种忙，这要视他工作的性质而定。也许他需要你帮他打字、写报告、处理信件；也许是接电话；为他开车；查书或文件资料……这些工作都可以减轻他的负担，而利用到更有生产价值的工作上。如果你希望像这样帮助你的丈夫，但是都不太清楚从哪里着手，那就请他给你出个主意。

事实上，一个女人有家务要做，有几个小孩子要照料，已经是忙得不可开交了，而如果还要努力帮助她丈夫而成为他的星期五女郎，显然不容易。可是就是有人能把这些家事都做好，而又帮了先生大忙的，她们的动机是，想要给她们的丈夫一个额外的助力。

彼得·阿塔特夫妇住在纽约佛瑞斯山第72街108号之16。当年轻的彼得·阿塔特从第二次世界大战服役中退伍以后，以一辆汽车和800元资金创办了亚斯特·来蒙新汽车服务公司。

当该地区原有的出租车公司忙得无法照料所有的顾客时，有些人就开始叫彼得的车子了。因为他的服务好而且讲求效率，于是生意渐渐做起来了。由于他不能同时开车子又听电话，所以他的妻子罗丝，就自告奋勇要替她先生听电话——如果彼得愿意在他们家里装设一具电话分机的话——电话分机装好了，罗丝就担负起联络的工作。

后来彼得的生意非常好，他必须另外再请一位司机入伙。但是当他出外的时候，罗丝仍然要接听他的电话，除此之外还要照顾他们的3个小孩，并且做完她所有的家事。彼得说："不管我花多少薪水，也没有办法买到像罗丝这样好的服务。罗丝和我一样地熟悉老主顾的姓名和住址——她从他们的惠顾之中，得到许多乐趣。他们知道罗丝说话诚实，不会在我跑长程的时候，想办法拖延他们；如果我没有空，她甚至会替他们到别家公司叫车子。对我而言，她是不可或缺的好帮手。"

罗丝也说："在丈夫需要她的时候，没有一个女人会忙得没法帮他的忙。如果她想要帮先生一点忙，她可以学我把家事安排得有效率，而且留下时间来帮他所需要的忙。"

如果在家里没有小孩子需要照顾，她们可以直接到先生的办事处，做出更周详的帮助。

住在纽约市伊斯特街33号的贝拉·巴勒斯太太就是这样做的。她的丈夫是位名医。有一次走了一位秘书，这工作就由她暂时代理。她把工作做得非常漂亮，仿佛一直就在那儿做事的。她利用早上来处理家务，下午则当起丈夫的秘书。

她的丈夫说："对露意丝来说，这不仅仅是一件工作而已，对于每一位要我出诊，或是来到诊所的病人的健康，她和我同样的关心。"

其实，妻子为她的丈夫所做的任何帮助，都具有额外的特性。共同的关怀会使他们紧紧地结合在一起，不只是工作上，生活上也一样。

星期五女郎的妻子们，已经减轻了许多非常成功的男人的工作。

英国作家特洛拉普的小说在发表之前，除了他的太太之外，没有人曾经看过或是批评过一个字，他说："她的鉴赏给了我最大的好处。"

法国作家都德害怕婚姻会使他的想象力变得迟钝，后来他认识了茱丽，竟改变了他的想法。他的一些最好的作品，都是在和茱丽结婚之后写出来的。茱丽有着不凡的文学鉴赏力，所以他非常重视她的评论。他的兄弟说："都德写好一张稿纸，没有不让茱丽修改和润色的。"

哈柏是伟大的瑞士博物学家以及蜂类权威，他 17 岁的时候就失明了。他的妻子鼓励他研究自然界的历史，并且用自己的眼力和观察帮助他完成研究、帮他成功成名。

如果对丈夫的工作或职业，没有一些常识或是了解，而想要给他额外的帮忙，是不可能的事——了解得更多，就能帮助得更多。

不过，如果没有具备这种知识或不甚了解，固然不能做专门性的帮助，但也不至完全不能帮助。因为只要能有一些了解，对丈夫的工作就会引起更深的同情心和更强的忍耐力，而成为他的好伴侣。

在詹姆斯·马修·格里爵士的喜剧《每一个女人都知道的

事》的一个场景里，女主角玛丽·薇丽上床时在她手臂下带着一些她未婚夫正在研究的深奥的法律书籍。她对她的兄弟们解释说："我不要他知道我不懂的事情。"

妻子对她丈夫工作上的知识，已经被肯定为对丈夫的成功有着很大的帮助，所以企业界，现在正努力使他们雇员的太太们，得到那些常识。

从前想要使一个大公司职员的太太，除了知道她先生服务的单位以外，更要了解一些他工作的事情，真是太难了。然而现在已经不再是那样了。"公司太太们"现在正受着各种不同方式的信息轰炸：影片、讲演、小册子、杂志……

戴斯礼是杜利伯茶杯公司的总经理，富比士杂志引述他的话，说他正计划每两个月发行有关公司业务的小册子给职员的太太们。他说："如果她们念了这些小册子，她就会不自觉地对公司业务感到兴趣。"

"对公司业务感到兴趣"的妻子，是她丈夫与他的老板最重要的盟友。

瑞士欧利康市的某机械制造厂，安排让职员的太太们参观访问活动——太太们参观了整个的工厂，并且听他们解释各种制造程序。工厂的经理已经发觉，这是一个实用的政策，因为他们时常可以从这些太太们那儿得到改进的好点子。

美国许多公司也对太太们大开其门了，而他们也得到了相同的效果。

有个太太参加了在中西部一家制造家用器具工厂所主办的

一次访问，当她看到她先生在机器边工作的时候，她有了个想法。那天晚上，她问丈夫为什么他的机器不使用一个脚踏板，来代替那个高过人头的杠杆——换个脚踏板将会节省许多时间和不必要的动作。她丈夫觉得很有理，于是把这个建议去告诉他的老板。这个建议真的实现了，结果使他的生产力增加了大约 20%，同时这个想法也使他得到了 350 元的奖金。

男人大部分的生命都奉献在工作上。当妻子的应该去关心任何一种占去了他大部分时光的职业。在必要的时候更要付出她的支持和帮助，这不仅可以帮助她的丈夫得到成功，而且也得到了分享报酬的权利。

每当我阅读托尔斯泰不朽的古典文学名著《战争与和平》，就会想起他的太太居然曾把这部不朽的作品亲手抄写过七遍——真不愧为他先生的“我的星期五”！

【摘要】如果你想要给你先生一个额外的助力，那么请您这么做——

●尽你所能去了解他的工作。

●帮助他任何一种他最需要的帮助，使他的工作做得顺利。

## 9. 善待他的女秘书

如果女孩子最要好的朋友是自己的母亲，那么男人最亲切的伙伴可说是他的女秘书了。一个好秘书应该努力于提高她老板的利益。她要设法使老板的工作顺利，还要兼顾着做不完的琐事，她得留心老板的情绪，以使他称心如意。女秘书的工作范围，可能要从削铅笔到接见访客，以至作经纪人。如果没有女秘书周到的服务，美国企业界的巨轮，就不会旋转得这么平滑了。

所以，无疑问的，一个好秘书的确是帮助男人事业成功的左右手。对一个尽职的妻子来说，这种说法有什么意义呢？这意味着：女秘书和妻子双方有一个共同的目标，就是要使男人的事业更加辉煌。她们都同样关怀着他最终的成功。所以如果她们能够互相合作朝着共同的目标携手努力，而不是对立，则她们就可以收到事半功倍的连手效果。

可是事实上不幸得很，妻子和女秘书，常常是心存芥蒂的。可能一方暗地猜忌，或是双方同时嫉妒着对方的贡献或影响。女秘书也许会觉得，妻子自私或多管闲事；而妻子也会埋怨自己的丈夫太倚赖别的女人。

我当过女秘书，也是人家的妻子，因此我对双方的观点同样重视。但是经验使我相信，想要维持一个良好的关系，妻子的态度是很重要的。因为好秘书为了要保住她们的工作，本来就希望和每个人融洽相处。

了解这些以后，我们当妻子的人可以遵循下列原则以减少摩擦，及加强友善的关系，并进而提高和丈夫的女秘书的合作。

**第一，不要心生疑忌**

固然我们认为丈夫是个值得倾心相爱的人，但是这并不意味着他的女秘书就会把他当成目标。女秘书对于老板的欣赏，通常是理智型的。我认识了许多女秘书——但是我只看过一个喜欢抢夺别人丈夫的女秘书；而这个人就算她从事别种工作，她也会干这种事的。

当业务上发生了问题，迫使丈夫要加班时，妻子的谅解比什么都重要——她要知道她的丈夫和女秘书，是在办公桌上绞尽脑汁，而不是跑到夜总会去取乐。如果丈夫有女秘书一起工作，而不是独自一个人，当妻子的应该感到庆幸才对，因为她知道在适当的时候，会有人提醒他吃饭。

**第二，不必嫉妒或轻视**

一般在外面工作的女孩子，打扮得漂亮一点，是由于业务上的需要与礼貌。当妻子的人，如果有意装扮得漂亮，也是无妨的——通常她们会有更多的时间和金钱，可以花费在自己的装饰上。因此与其嫉妒女秘书，不如把自己打扮得同样亮丽和迷人。

凡正常的男人，大多喜欢好看的女孩子，而不欣赏乏味与没有魅力的女秘书。在迷人的环境里工作，是种极其正常的欲望——无关乎贪婪。一个漂亮的女孩子，就如一瓶玫瑰花那样，可以使满室生香。

有些太太很嫉妒女秘书的工作。认为女秘书太轻松了，整天只是打扮得光鲜亮丽，坐在舒适的办公室里，除了对男人撒撒娇之外，什么事也没做，而居然还能领到一份不错的薪水。

但是这些太太们通常并不知道，许多聪明的女秘书，都是很羡慕太太的！在外头做事的女孩子，都期待能够走入家庭照顾丈夫和养育孩子。更进一步说，女秘书的工作并不容易！好的女秘书必须工作得像家庭主妇那样辛勤，然而她们都没有得到像家庭主妇那样多的报偿。

**第三，不要勉强女秘书替自己跑腿**

如果老板的妻子要女秘书利用吃午饭的时间替自己去买一卷丝线、排队买各种门票、或是其他类似的杂务，都是不好的。太太的这种做法是强迫女秘书不好意思拒绝，但是她又不太情愿为此牺牲掉她在繁忙的一天里所仅有的一小段休息时间。

女秘书由于领取薪水，虽然也常要为自己的老板做许多私人的杂事——例如替老板选购送给家人的礼物、安排业务上的应酬招待、预订出差时的饭店房间等等。但是她们所领取的薪水，并不包括要替老板的太太做同样的服务，除非老板曾经特别要求她这样做。

**第四，绝对不可以傲慢和刻薄奚落女秘书**

虽然这种“我是太太，你是佣人”的想法，是最陈旧的脑筋，但是仍然有一些女人自甘落伍，老要故意奚落丈夫的女秘书，藉以显示自己的尊贵。在这种情况下，女秘书都比这种空摆架子的太太要来得更有教养和受欢迎。

对于一个自尊心很强的女秘书而言，过分的刻薄是很伤人的。做妻子的应该依照《圣经》上的金律，修正自己的态度，并且设想自己是个女秘书，希望别人能够如何对待自己，而以这样的态度去对待丈夫的女秘书。

**第五，对女秘书的额外帮忙要表示谢意**

任何人替人做了事，都喜欢听到赞赏和致谢。任何一个女秘书有时会帮老板的妻子做一些事，虽然当妻子的并没有特别委托她去做。

例如，我丈夫的女秘书，她常常在我们度假的时候，替我们预订饭店房间，在我们上餐馆吃饭以前，替我们预订位子，也替我们预订戏票。她把这些工作当成是她工作的一部分，我因此获得了许多方便。

女秘书也是一个人，她们当然也喜欢受到赞赏。一通致谢的电话、或者是一件细心挑选过的礼物——这些小事都可以表示出我们衷心的谢意。

和那些使得公司业务顺利进行的小姐们保持良好的外交关系，这是我们能够帮助丈夫的一个重要的小方法。

我有一个朋友的丈夫是一家大房地产公司的会计主任，当他碰到了特别麻烦的事情时，她都会接到女秘书打来的电话："太太，我想应该让你知道，政府的税务人员，这几天都会在我们这儿转，白兰克先生受到了许多精神压力。未来的四五天里，我们将会忙于整理我们的账目。所以特别提醒您，好好为白兰克先生准备三明治和咖啡。"

于是，当白兰克先生回家的时候，她太太就会特别细心照料他，她谢绝了所有麻烦的社交应酬，并且特别注意到为先生所准备的食物，以百般的体恤陪他度过这段辛苦的日子。

这种特意的照料，固然并不是随时都有可能，也不是随时都是必要。但这在我这位朋友的情形来说，真是配合得太妙了。主要是白兰克太太和她丈夫的女秘书都同时认为，她们两人是要帮助白兰克先生，以最高的效率来做事的共同的盟友。

有些做妻子的，尽管她们的丈夫在一家大公司里工作，她们都从没有亲自和丈夫的女秘书认识的机会。但是大部分的人，都迟早会和女秘书接触到的。我们内心的态度在那时就会流露出来。

千万不要把女秘书作为你婚姻的假想敌，否则反会弄假成真。

【摘要】为了和丈夫的女秘书相处愉快，我们应该记得以下五个规则：

●不要心存猜疑。

●不必嫉妒或轻视。

●不要勉强女秘书替自己跑腿。

●不可傲慢和刻薄女秘书。

●对女秘书的额外帮助要郑重表示谢意。

## 10. 鼓励丈夫继续学习

你的丈夫已经做好升级的准备了吗？如果还没有，那他该做些什么努力？而作为妻子的你，又做过多少努力呢？

大家都希望在工作 5 年、10 年以后升级，但是人们并非在刚刚进入社会的时候就已经具有这种担当高位的能力。所以必须一面工作一面学习，同时从经验和特殊训练中去培养。

社会学家华纳说过："美国的理想是建立在每个人都能'成功'的信念上——而想要出人头地的一个主要的方法，就是教育。"他又说："经营事业的人，必须利用人事考核，训练计划以及升级规定，来提供各种提升的机会。"

许多公司都已编列预算，为他们的职员提供特别的训练计划。也有许多公司，对那些富有进取心和创造力，能利用自己的时间和自费去接受特殊训练的职员以升级的奖励。

许多名人都是因为能利用时间用功才得到成功的。查尔斯·C·佛洛斯特本来是蒙特利州的一名鞋匠，由于每天都利用一个小时来学习，终于成为著名的数学家。木匠约翰·韩特在工作以外的时间，研究比较解剖学，每晚只睡四个小时，终于成为权威学者。忙碌的银行家约翰·朗布克爵士利用休闲的时间努力研究，终于成为著名的史前学专家。乔治·史蒂文森，在他担任机师夜间值班的时候，努力研究数学，结果发明了火车头。詹姆斯·瓦特一面从事修理工作，一面研究化学与数学，结果发明了蒸汽机。

如果这些人都只是满足于现状，将是社会的莫大损失！如果只是领取薪水而不再努力学习，在这个竞争激烈的社会之中，注定是要失败的。

如果丈夫努力于研究学习，以争取升级，做妻子的应该怎样配合呢？不可不知的是：妻子的态度将会影响到丈夫的研究工作。

以丈夫上夜校的情形来做例子。每个星期花了两个晚上到五个晚上的时间到夜间部学校上课的人，无疑是个有抱负且想要在自己目前的工作上，或者是他所预期的其他行业上，表现得出类拔萃的人。

这段期间他的妻子必须学习如何独处。她必须使自己适应孤独，而尽量安排活动来填补这个空档。

否则，丈夫就会因为妻子的不快乐而不安，以致影响了他在学习上的努力，只因太太抱怨着太寂寞。这种女人，通常并不知道丈夫之所以不能成功，她们是要负部分责任的——因为她们使得自己的丈夫无法在成功的大道上全力冲刺。

这些女人实在应环顾周遭，才能了解到那些成功的人，并不是天生就有那种能力的——他们必须学习，以获取能够加强他们才能的知识。即使有些男人够运气，在结婚以前就有了这些才能，但是为了要跟上时代的潮流，适应政府的新法规，以及熟悉对手，通常在婚后还是需要加倍努力与学习的。一位医师告诉过我，如果他要充分研究有关新发明以及治疗新技术方面的文章，那么他就没有时间去照顾他的病人了！

居然不是每个人都能如愿的出人头地——有些人必须在这个世界上做那些较不想要做的工作。但是如果他肯训练自己，提升自己的能力，他就不会永远停留在低下的工作了。明白了这一点，自然会生出勇气。

这里有一个例子——一位年轻律师的故事，他曾经因为没有受过训练，而只靠着挖壕沟过活。他的名字是霍奇，住在俄克拉何马州桂尔沙市北波顿街 1619 号。他刚踏入社会的时候，是在堪萨斯城一家贸易信托公司里做一个小职员，后来他移居到俄克拉何马州的马歇尔市，进入协和石油公司做事。在那儿，他爱上了一个少校的女儿爱芙琳·英格曼并且和她结婚了。

不久，发生了大恐慌——霍奇和许多职员马上就要被解雇了。他受过的训练和经验都不够充分，没有办法担任一般书记以外的工作，而这种书记工作，在那个时候却又是粥少僧多。他只好接受了他所能担当的唯一一件找得到的工作——以每小时4毛钱的代价，在石油管工程里挖壕沟！

他的故事后半段是这样的：

我想办法改善生活，经营一家小型高尔夫球场，再加上我太太在一家店里工作的收入，我们的生活，总算还过得去。后来我又被协和石油公司复职了。转回俄克拉何马的杜尔沙市工作。我的工作是办理有关投资的文书工作——但是我对于会计工作是一窍不通的！

只有一个办法——学习！于是我到俄克拉何马法律和会计学校的夜间部会计科去上课。这是我所做的最聪明的一件事，因为这些课使我了解到，我可以利用晚上的用功，来弥补我学问上的不足。

经过3年的刻苦以后，我的薪水也加倍了。我又马上就读杜尔沙大学夜间部的法律系，4年内修完全部学分，得到了学位。后来通过律师检定考试，而成为合格的开业律师。

但是我还不满足，所以又回到夜间部上课，准备参加会计师鉴定考试。研究高等会计3年多以后又学了演讲的课程。最重要的，这么多年以来的夜间部教育，已经使我获得12年前挖壕沟每小时4毛钱的12倍薪水了！

霍奇先生除了在自己的律师事务所执业外，也在母校俄克拉何马法律和会计学校授课。霍奇先生的故事，是任何人都可以重演的——任何一个愿意付出时间和努力的人——而且他的太太必须非常合作。

白天工作，而且要连续几年每个晚上用功，这绝不是一件轻松的事。为了不半途而废，每个人都需要从家里得到所有他应当获得的鼓励与支持。因为在追求的过程中，有时不免感到厌倦、失望，并且会怀疑这些努力的价值而感到痛苦。

做妻子的也是很不容易，尤其是在新婚那几年，正是最需要调适一切的时候。这样当一个“夜校生的寡妇”，应该怎么做才能排遣孤独，过得安适呢？

最聪明的办法，就是拟订一个她自己的学习计划。如果经济许可，她也可以和丈夫参加同样的课程训练，使自己更能有效地帮助丈夫的工作。也许她可以学习一些相关课程，以弥补丈夫不足的知识。或者她更喜欢学习一些完全不同的功课，纯粹只是为了乐趣，或是要扩展自己的兴趣。

总之，如果夫妻两人一起上学，学习起来必定很有趣味。

这对于有小孩需要照顾的女士，也许很艰辛。但是这些女士们，岂能在丈夫用功学习的时候，让自己的脑袋一片空白。她也可以到附近的图书馆，或者在丈夫出外上学，而小孩们已经上床的晚上，在家里自己看书。

有一次，我的丈夫向一位在博物馆里管理鲸鱼陈列室的主管请教：平常人必须花费多少时间，才能成为鲸鱼专家——如果他每个星期利用三或四个晚上，把他所能得到的有关鲸鱼的书本和文章全部读完。这位主管回答，照这种计划，3 个月内将会对我们的鲸鱼朋友有了许多认识——而在6个月之内，就会成为鲸鱼专家了！

你也许对于鲸鱼不感兴趣——但是在这个世界上总该有些你想要知道得更清楚的东西。如果你的丈夫正在利用他部分或全部的晚上时间改善自己的前途，那么你就无权为你自己难过。你应该把那些时间当作是个机会，而有效地利用。

如果你们的预算刚好只够负担你丈夫的再教育费用，也不必失望。因为我们有庞大的图书馆，只要费一点小手续填妥一张借书证，人类智慧的宝山就在那儿等待着我们去探索。

所谓“教育”，并不是在大学度过四年，或者再加上一些用功就可以的。为了能具备广博的学识，就得不断地加以学习。如果你的丈夫想要具备这样的条件，也就得用种种的方法来继续努力。至于你，也是一样。丈夫的用功方向，可依他目前的工作或对未来的期望来做决定，至于你，应该可以自由选择。

总之，做妻子的必须彻底了解，想要出人头地必须努力锻炼自己，同时妻子必须给他彻底的支持。至于为了丈夫能接受教育所花的时间与金钱，可说是对未来整个家庭幸福的投资。

做妻子的，如果对丈夫多年来的业余用功发生怀疑与动摇的心理，以为这样孤单寂寞，既无娱乐又无享受的牺牲，究竟有什么代价，这时最好能这样想：这样的牺牲，是一切奋发上进的人在所难免的；这样的牺牲，在一旦成功之后是会获得加倍的报偿的。

你感到怀疑吗？那就请你看看以下的这些人，他们都获得了美国大学与学院联会所颁的贺修·亚尔杰奖。前任总统赫伯·胡佛，是爱荷华州一名铁匠的孤儿；亨利·克朗上校曾当过电话接线生，后来是华道夫·亚司特利董事会的主席；华特生是 IBM 公司的董事长，他开始管理书本（没有机器可用）的时候，周薪才只有两元；保罗·G·霍夫曼曾经当过行李挑夫，后来是史都德贝克公司董事会的主席。

你的丈夫也应抓紧能够参加的教育机会，提升自己的能力——全凭你的支持和鼓励。

够聪明的男人，就更会扩展自己的知识和才能。美国驻联合国大使欧尼斯·罗吉斯，有个晚上在宴会里对我说，他正在参加一个夜间部的速读课程——以便能够更有效地处理完他所接到的大批信件。

所以，如果你的丈夫正在做“学生”，你应该感到荣幸才对——并且还要鼓励他继续努力。这样做将会大大地增加成功的机会。

【摘要】

● A·劳伦斯·罗威博士生前是哈佛大学最伟大的校长之一。他说过：“训练一个人的方法只有一个，就是这个人要自动去使用自己的脑子。你可以帮助他、引导他、督促他、暗示他，你还可以激励他；但是只有他自己努力获得的东西，才是最有价值的；他所得到的成果，必然是和他所付出的努力成正比的。”

## 11. 要有防范意外事件的准备

住在纽约市布朗克斯区毛利斯街2347号的约瑟夫·艾森堡，在洗衣店当了25年的送货员后，突然间被解雇了。

一个既没有受过相当教育，又上了年纪的人，一时要找到工作可真是很不容易的。好在这时有一家面包店要出售，而且售价也不高。他在和他的妻子经过一番商议之后，就拿所有的积蓄买进了这家铺子。

这只是开始而已。艾森堡太太知道，在创业期间，他们是没有能力雇人帮忙的。于是她决心由她自己积极拓展这个店务。除了做家事以外，她还须在面包店里长时间工作，以便招待客人。打扫、洗刷、做饭，每天在面包店里，还要站上8至10个小时——这些劳苦已经足以使任何人感到心力交瘁了。

然而，她却说："我很高兴地做着这些事，因为我知道，这是丈夫重新出发的一个机会。现在，面包店已经开了5年了，我们的经营很成功，生意很好，经济情况转好。我们能够以自己的努力，开创出这个局面，实在很感安慰！”

很多男人在碰到了像艾森堡先生中老年失业的这种难题以后，由于妻子不愿意帮助丈夫挽回颓势，以致往往一蹶不振。

不少女人认为，丈夫应该一肩担起所有的责任，不管时机是好是坏。她们不知道为了拖出陷在泥沼里的家庭，当妻子的也要助一臂之力的。

威廉·何孟太太，住在田纳西川诺克斯威利市东南区克拉斯街116号，她不只帮忙她丈夫的生意，同时还有自己的职业，这使他们家庭有了很好的经济基础。

何孟太太是一位护士，1936年嫁给比尔时，比尔白天工作，为取得高中的毕业证书晚上就到夜间部去上课，为了使比尔不至于放弃夜间部的学业，何孟太太在婚后仍然继续做护士。她很希望自己的丈夫保持全勤记录，于是在她生下长女的那一夜，她仍然坚持要她丈夫送她到医院以后赶去上课。比尔在6年中，从没有错过任何一堂课——终能使他的母亲、妻子、子女在观众席里，骄傲地看到他获得毕业证书。

当比尔得到示范推销不锈钢厨具的工作以后，他的妻子海伦就充当他的助手，举办示范餐会，由海伦做菜，而比尔推销。

后来比尔的父亲死了。比尔和他的兄弟共同得到了一家印刷厂的遗产，他们便从比尔的兄弟那儿买下了这家印刷厂。这时候他们向银行借了一笔钱。

于是，海伦又回去做护士的工作，以帮忙还债。每到晚上和周末，她都在印刷厂里当比尔的助手。

她说："希望我们能够健康地继续工作，只要5年之后，我们将可以付清我们所有的债款。然后我将辞掉工作，在家全心全意照料先生和孩子。"

海伦是一个勇于力挽狂澜，和丈夫站在一起，以及为丈夫工作的好妻子，就像艾森堡太太那样，由于老公中老年才创业，不能让这种机会有任何闪失！

生活里的某些危机，例如欠债、疾病，或是丈夫失业，常常都需要由妻子暂时到外头去工作。这时候的妻子，不是为她自己工作，而是为丈夫、为整个家庭的幸福而工作。这是一种"非常措施"。

我认识一位女士，她在这种情况下做得很漂亮，她甚至为她的家庭，开创出了一番新的生活意义。她就是J·D·史坦太太。她和她先生与5个小孩子住在纽泽西州威斯特费尔市史丹利街422号。

史坦先生是个推销员，但好几年前的一场重病使得他没有办法工作。于是她挑起维持这个大家庭、养活5个小孩的重任。

史坦太太认真探讨了她拿得出来的本事。对于办公室的工作她没有经验，也没有其他才能。她最拿手与最喜欢的事情，就是制作餐点：小孩子的生日点心、结婚蛋糕、宴会甜食。从前她为常替朋友们做这些精美的餐点，只为了喜欢做而已。玛格丽特·史坦把她的想法告诉了一些人。她的朋友开宴会的时候，都特别请她去做。由于她制作得格外精致可口，于是名声便传了开来——更多的订单便源源而来，使她必须训练助手来帮助她。

由于所有的餐点，都是在她家的厨房做的，她的丈夫和小孩子们也都来帮助。等到生意大好以后，玛格丽特就成为一个专办酒席餐点的主持人，并且成了宴席顾问。

现在，她的生意已经发展到必须雇请一位长期帮手的程度了。她把自己最得意的开胃菜包装后，送到冷冻食品市场去卖，并且为半径50英里内的宴会准备酒席。

玛格丽特·史坦的紧急应变措施，是如此的成功，史坦先生现在已经是他们的营业经理了；他和他的妻子有着最完美的合作。史坦太太说："我讨厌那些账目和计算，我忙于创造新的方法，来准备我的特制餐点。让我的丈夫来照料所有生意上的细节，可真是一项最伟大的事。"

谁也无法预料危机几时会到，几时会使得我们的经济来源突然中断——而迫使我们必须亲身去赚取部分或全部的家庭开支。为什么你现在不马上培养谋生技能，想想看如果有了意外，你是否已有足够的准备，去解救这个紧急情况？

【摘要】给他额外帮助的四个方法

- 了解他的工作，适时给予必要的帮助。

●和他的女秘书和睦相处。

●鼓励他好好利用教育的机会继续进修。

●准备好对于意外事件的应变能力——需要的时候要自动去找工作；训练出一种能够谋生的技能。

# 第四部

# 怎样应付这种情况发生……

## 12. 如何应付丈夫调职

时常大摇其头的人事主管抱怨说，由于许多女士都不愿意离开熟悉的环境，便硬是把他们的丈夫束缚在一个固定的地方和工作上。

费城大西洋精炼公司的董事艾略特把这种妻子称做是“折腾人的小孩”，并且认为她们是丈夫成功的绊脚石。另一位董事告诉我，一个有前途的年轻职员，由于他的妻子不愿意离开原来的环境，使他只好伤心地放弃了一个他曾经努力争取的升级机会。他的妻子舍不得离开自己的父母亲、老朋友、教室和她心爱的厨房、美丽的客厅。

当一个家庭好不容易在一个地方落户生根，如果要他们连根拔起再搬到一个陌生的地方，是需要很大的勇气的。两人的结合必须有很好的基础，才经得起这种变迁。第二次世界大战期间，有许多新娘，都没有办法适应不停地从一个军营迁移到另一个军营的劳累，而且也缺乏在动荡的环境中稳定家庭的努力。

但如果是一个有适应能力的妻子，就应该能轻易克服这些障碍。维吉尼亚州福克府的雷伦多·葛西纳太太，就是一个这样的妻子。在《妇女杂志》的文章里，她写道：

两年前，我丈夫要到海军去服役。我们离开新布置好的家，带着小儿子跑遍全国各地，我以为这是天大的不幸。未来的两年看起来是一连串无味又无光的日子，所以我是怀着悲凄的心情前去我们的第一个驻防地点。

但是现在，搬过了好几次家以后，回想我过去的想法真是太孩子气了！丈夫马上就要退伍了，我们正计划要永久定居下来——我们都如此希望。虽然我面对未来感到这么兴奋，但是我承认告别以往这种生活方式是有点伤心的。过去两年，我很愉快，因为我已经学会了了解和生活于许多不同类型的人群之中。我已经学会了容忍和了解那些想法做法与我不同的人。当所盼望的事情落空的时候，我也学会了忽视那些寻常的小麻烦。我更加深切地了解到，一个快乐的家庭，并不是有了一大堆器具用品就行，更主要的是爱心、谅解和温暖，而且在任何情况之下，都要尽自己最大的力量去努力。

如果你必须离开熟悉的环境，迁移到一个新地区，希望你记住这四个建议：

**第一，不要期待新环境和老环境一样**

环境和工作同人一样，是各不相同的。即使你丈夫的职位不及以前，你也不必泄气；新的工作说不定会有更多晋升的机会。

**第二，不要因为失去习惯上的便利，就垂头丧气**

尽你所能努力去做，也许会得到意外的惊喜。

某一年夏天，我丈夫到俄亥俄大学暑期班任教。由于当时闹房荒，我们只好住到专门盖给已婚退役军人和他们的家眷居住的一间简陋房子里。我承认当时对我们的住处，真是提不起一点兴致。

但是那段往事，竟成为我生命中最丰富、最值得感念的经验之一。房子清理容易，我们的邻居都十分友爱和善。当我看到那些年轻的夫妇到学校去上课，养育着自己的小孩，并且愉快地把他们不够富裕的生活用品做了最大的发挥时，于是对于起初的嫌恶感到非常惭愧。那年夏天，我们交了许多好朋友，而且也了解到成功和幸福与人的生活水平，并没有必然关系——只要生活过得去就可以了。

**第三，到你必须迁居的新环境里先住看看，然后才对它下结论**

有个朋友和她的丈夫一起迁移到一个小工业城去，这是她丈夫盼望已久的升级。但做妻子的在这个小城里只待了 24 个小时，然后就收拾行李回到他们本来的家了！她丈夫所加的薪水刚好只够多请一名小时工；最后她先生只好申请调回到本来的岗位——这都是因为他的太太不愿意好好地适应先生调职后的新环境。

**第四，尽量利用新机会——不要依恋往昔**

如果你迁移到一个地方，要下更大的功夫去结交新朋友。尽量到教堂做礼拜，或者到俱乐部和加入各种团体，把你自己投入新的环境里。与其抱怨不能适应，不如即刻设法改善它们！要知道，事事并非尽如人意。

住在俄克拉何马州杜尔沙市东23街2641号的罗勃特·瓦特森夫人，她和她丈夫行踪遍及全球，因为她丈夫是卡特石油公司的地球物理专家。瓦特森夫妇和他们4个小孩，曾住过世上最荒远的地区，但是他们的心情始终愉快。这样幸福、和谐的家庭，实在是很难得的。

瓦特森太太认为家庭是灵魂的休憩所：

我随时做好动身的准备，我们家每个人都发现，世界上的任何一个角落，都可供我们学习和生长——如果你能用心找寻的话。例如，当我们住在巴哈马群岛时，正好有个闻名的潜水比赛冠军在那儿指导潜水。这使我们家美人鱼苏茜得到了一个大好的学习机会。结果，她进步神速，终于在一次比赛里获奖。如果我们不到那儿去，也许就不会有这个好机会了。有一次我听到一个经理提起，他的公司必需选出几位职员到国外服务，但一定要他们的太太能够同往才行。据我所知“适应”的最好方法，就是在那个陌生的地方，利用机会多多获取新东西，而绝非成天抱怨现状缅怀过去。

所以，如果你丈夫由于工作的关系需要你和他一起搬来搬去，那么你就应该记得以下的建议——然后，高高兴兴地跟着他去。

总之，搬来搬去又有什么不好？你就当成老是住在同一地方是会发霉的！

【摘要】

●不要期待新环境和老环境一样。

●不要因为失去习惯上的方便而垂头丧气，这些事并没这么严重。

●在你认为新环境不适合以前，应该先去住看看。

●尽量利用机会，不要依恋往昔。

## 13. 当丈夫工作过量时

几个月前，有个老友顺路来看我们，他看起来显得很疲倦和苦闷。他说："我不知道应该怎么讲！半年来，我一直忙碌地工作，想要替公司扩充一家分公司。每天都很晚回家。等这件艰难的工作完成，我就可以恢复正常上下班了。但是太太对于我不回家吃饭，以及不能一起逛街，颇不谅解，这也使我提不起劲来了。设立这个新公司，对我们是很重要的，但我没法使她了解这一点。她的不谅解，搞得我心神不宁，无法安心工作。"

这位可怜的朋友，正承受着两方面的压力，难怪他会这么狼狈不堪。

由这件事，使我想起我丈夫正赶写一本书的时候，我几乎搞不清楚，在那段期间，我们两人究竟谁比较痛苦。他虽然是在家里写作，我都难得看到他，因为他把自己紧紧关在书房里埋头写到深更半夜，每天晚上都这样。

他为了要赶进度，我们没法一起参加社交活动，也没法一起玩，或是到什么地方去。所幸，我们的朋友都很谅解。

那段时期当然我很孤独，但是我都忙于注意戴尔有没有适当的饮食、休息和呼吸些新鲜空气。同时，我还参加了一些俱乐部，经常去拜访我们的朋友，培养了自己更多的兴趣。

就这样，他那本书好不容易写完了，而我们又恢复以前的生活了！

对太太来说，在某些特殊的辛劳期间，做妻子的虽然并不愉快，但这些工作对先生来说，却可能是非常必要的。做妻子的，应该站在他的旁边，就像是个护士、保姆和精神支柱那样，静静地期待正常生活的到来。成功的理想，鼓舞着我们的丈夫，使得他们对手边工作以外的任何事情，都变得不闻不问，但我们却感受不到这种鼓舞。

那么，我们应该怎么适应这种期间？又该如何帮助我们的丈夫，尽可能安心而轻松地度过这些日子？

以下想法曾给我很大的帮助，它们对你也将是有效的——

**第一，为他准备的食物要配合他繁忙的工作**

常给他东西吃，但一次不要太多。如果必须赶时间，或者要工作到深夜，最好为他准备容易消化的小点心如烤苹果、果汁、牛乳、蛋糕、色拉、芹菜和红萝卜……这些容易消化且富于维生素的东西。如果他在家里吃晚饭，就不要在他整夜的工作之前，强迫他吃许多不易消化的东西。看些营养方面的书，或是找你的医师谈谈如何为他准备增加体力的食物。

**第二，为自己安排一些娱乐计划，不要成天沉湎于美好的昨日**

努力使自己在社会上变得有分量，不必依靠丈夫的出现，同样可以使自己成为一个到处受欢迎的人。许多情况下，你的出现是会成为多余的；你自然应避免这种不合适的场合。在其他的集会里，你将如同冬天的暖阳那么受欢迎。

把以前没有时间做的事，好好做做看；参观画廊、听听音乐会、替你的教室或为你的政党做些事、进修某些课程……

**第三，向朋友们解释，使他们了解你的丈夫为何暂时不能和人交往**

让他们知道你是竭诚支持着你的丈夫。

**第四，让你的丈夫知道他得到了你的支持和关怀**

这会使他的工作推展得更顺利，而且使你认识到身为人妻的“伟大牺牲”。

**第五，提醒自己这只是一个暂时的现象**

如果证实自己可以轻易克服困难，等这个大工程完成之后，你们将会有第二次蜜月的。

## 14. 如何适应特殊的工作情况

有个妻子强迫她的丈夫放弃他很喜欢的工作，因为无法忍受他在夜间做事！这位先生在一个著名的管弦乐团演奏。他们的音乐会，大多在晚上举行，这位音乐家很满意自己的工作，报酬也很高。

但是他的太太就是不惯于他的工作时间。最后，她说服了丈夫放弃乐团的职位，而去推销家庭用品——他做的是完全不适于自己的工作，所赚的钱也更少，他抑郁不乐。不但成功的机会渺茫，而且婚姻幸福的希望，也为之减低。

工作时间特殊的或是工作上有特别需要的男人，都更需要一个能够配合的妻子。出租车司机、铁路或轮船从业员、飞行员的太太……所有需要某些特别适应的职业——这些人的妻子必须能够配合，才能维持美满的婚姻。

许多出名的演艺人员，都尝过婚姻破裂的滋味，因为他们的太太不能够或是不愿意同情她的丈夫在那个圈子里为成功而付出的奋斗。

职业特殊的男人，他们的太太必须在婚前就应该有所觉悟以及这种认知，就是她们不能拥有一般人的生活方式，必须坦诚面对现实情况，并且设法在这个维持家计的工作之限制下，快乐地生活。

许多女人羡慕在那些所谓的“迷人”的职业圈里出尽风头的名人的妻子，例如电影明星、歌剧歌手、作家、音乐家。我16岁时，曾梦想嫁给著名的探险家，可是，我们之间可有人冷静地想过，做这种人的妻子，除了穿着名牌新装，在照相机前扮笑脸，此外还需有更多的负担。

罗威·汤姆斯夫人，可以告诉你这种事并不那么容易。像他丈夫这样闻名国际的人是很少的，他的经历简直是《天方夜谭》里的故事，深深吸引人。身为老练的新闻广播员、探险家、作家、大学讲师、运动家，罗威·汤姆斯在喜马拉雅山野外的“家”，和他在新闻影片摄影机前面的时间，是一样多的。

他的太太法兰西丝·汤姆斯，是个很有才华和魅力的女人，能够像一只变色蜥蜴一样地依丈夫的需要，而随时改变自己。第一次世界大战后，她跟着丈夫跑遍了全世界，那时她的丈夫正在各处讲授阿拉伯的劳伦斯以及艾伦比在巴勒斯坦的战役；而她也做了许多事，一面为教徒写祈祷的曲子，一面充当旅行中的助理以及经纪人。

等回美国在他们乡下的家定居以后，法兰西丝就成为全国最忙碌的女人之一，忙于招待络绎不绝的访客——在她丈夫的书里出现的许多人物，包括探险家、飞行家、幸运的军人以及其他许多杰出人物。周末访客有时更多达数百人，真是盛况空前。

当丈夫出外远征的时候，她就必须忍受许多忧虑的煎熬。例如第一次世界大战后德国革命期间，她从报社电话里听说她的丈夫在采访一场巷战的时候，受到了致命的重伤。又如1926年，她丈夫所乘坐的飞机坠于西班牙安达奴西亚的沙漠中，而她却只能远在巴黎干着急。

不久以前，罗威·汤姆斯到西藏去旅行，在山上受到了重伤，被当地人肩负着二十多天，终于脱离了喜马拉雅山。二十多天精神受尽折磨，因为除了听说受到严重的伤害之外，什么消息也得不到。这种痛苦的折磨，我们也忍受得了吗？

而后，她的独子也要追随他父亲探险的脚步。她也需要等着收听儿子探险的消息了——在靠近铁波特的法军前哨、在毛毛族人暴动达到高潮的肯尼亚、在电讯报道中共军意外地侵犯寮国时的中南半岛。

你仍然觉得做个像罗威·汤姆斯那种名人的太太，是一件轻松愉快的事吗？这故事明白地告诉你，只有不平凡的女人，才嫁得起不平凡的丈夫。

当你挤在人群里看游行时，是否也想过要和那些州长夫人们换位置，抱满了玫瑰花坐在车上驶过欢呼的人群？

马利兰州州长夫人席尔德·麦凯丁夫人，这个地位也是非常困难和不自由的。文静、温柔、娴雅的她，是她活跃、健壮的丈夫的最完美妻子。她曾告诉我，自从搬进州长官邸以后，整个生活情形便都改变了。麦凯丁州长很早起床而又很晚才睡觉，整天都忙于公事，以致连他的太太都很难得看到他。

她解释，只有在陪着丈夫旅行，或是到城外演讲的时候，才能解除掉这些困扰："我们发觉，在旅途中所享受到的乐趣，比之普通夫妇有许多时间在家里共处时得到的更多。令人兴奋的度假，分享着在旅程中发生的每一件奇妙经验，使我们珍惜而难忘。"

像罗威·汤姆斯和麦凯丁州长这样的男人是很幸运的，因为他们的太太不但为他们争光，而且也能超越名声和地位所带来的种种不便。

如果你丈夫的工作特殊，而且会带来一些不方便，你可以参考下列的原则——

**第一，如果情形只是暂时性的，不妨笑一笑，忍耐一下吧**

任何人都可以在短时间内忍受任何一件事的。

**第二，如果这情形是比较长久性的，你就接受它而设法改善它吧**

例如，是职业性的常态，那么你就必须懂得安排自己的生活。

**第三，提醒自己——丈夫的成功也就是自己的成功**

如果这种工作，对于他的成功是必需的，那就需要靠你去迁就这情况了。如果你因为不喜欢丈夫的工作所带来的情况而离开他，这就构成了法律上的遗弃了。然而更重要的是，就人情上，这代表着一种爱情的残缺。

要明白，世界上没有，也将不会有一个工作是完全只有快乐幸福的。

每一种生活方式，都有它的优缺点。对目前的生活发牢骚的人，即使给他最理想的环境，他也是不会满意的。

## 15. 丈夫在家工作时

如果你的丈夫每天在公司或工厂里工作 8 小时，你可以不看这章。和丈夫在家里工作的太太比较起来，你的调适工作要轻松多了。但聪明的你何妨看看，因为谁知道什么时候，境遇会有变化呢？

如果丈夫整天在家里工作，妻子却又必须在他周遭打点家务，这样的妻子特别麻烦了。比如，必须踮起脚跟，静悄悄地在先生工作的隔壁房间行走、必须迁就他要你关掉才清扫一半的真空吸尘器的要求、也不能邀请朋友来家里玩，因为这些都将打扰这位“一家之主”。

一旦嫁了一个必须在家里工作的男人，你就势必调适自己，以配合他的工作计划。当然，只要你的丈夫有足够的爱心，时常保持愉快的心情，并且立志完成，就一定可以成功。不是有许多妻子已经做到了吗？

凯瑟琳的丈夫唐·吉米是个名作曲家，也是NBC交响乐团广播音乐会的制作指导。他的交响乐作品，常被美国和欧洲每一个主要的交响乐团演奏。他的乐曲也曾经被像阿瑟·费德罗和阿特罗·托斯卡尼等大师级指挥家演出过。还很年轻的时候，唐·吉米就在一个著名的职业乐团里，令人惊异地成功了。

吉米夫妇是我们在纽约佛斯特山的邻居。他们的朋友都知道，凯瑟琳·吉米在她先生光辉的生涯里，扮演了一个举足轻重的角色。

唐·吉米的音乐作品，大多是在家里完成的。他的书房在三楼，但不知怎的他却更喜欢在餐厅的桌子上写作。温柔娴静的凯瑟琳也依他，就像她所说的，她只不过是“在他身边工作”而已，一面照料两个小家伙；一旦太吵了，她就哄他们去做一些比较不会吵到先生的事情，设法维持周围安静。

凯瑟琳全心照顾她的家。她是个烹饪好手，常常在冷冻库里准备了自制的冰淇淋、甜美的蛋糕以及其他点心。但是她都很严格地看顾着家里食物的消耗，必要时就把冰箱锁住，用以控制全家人的热量。

像许多艺术家一样，唐·吉米受到了家庭经济的困扰，所以凯瑟琳就做他的业务经纪人，帮他决定接受哪一个合约、家里的用度以及要如何开源节流等等。他需要新衣之类的琐事，更是她的任务。

我请教她，当妻子的人应该怎样帮助丈夫顺利地推进在家里的工作。

她说："等到你习惯了以后，事情不但容易，而且挺有意思的。如果他在录音室里工作，整天都不在家里，我会非常想他的，我是多么习惯于有他在身边呢！"

以下是帮助他在家里有效工作，最有用的几个简单规则：

**第一，设法使他觉得最舒服**

然后放下他，去做你自己的工作 没必要时须抑制去看他的冲动，在必要时才适时地探视他的工作进度。

**第二，在他工作时不要打扰他**

不要让他去开门或是付账给送货的小弟。你应该自己去做这些事，就像他不在家那样。除非这栋房子烧起来了，这个规则是毫无例外的。

**第三，当他还在瓶颈时，你的态度要沉着**

当他工作进行得不太顺利时，可能会变得烦躁不安，这时你当沉着，设法使他心境转佳。

**第四，配合他的时间来安排你的社交生活**

除非你家的房子，大得足够完全把他隔离开来，否则切莫在他的工作时间内招待朋友到家里。

**第五，替他安排休息时间**

好让孩子们也有一段可以痛痛快快游玩的时间，正常而健康的小孩子，不能要他们整天都静静的；讲理的父亲，当然也不希望这样。如果大家的权利都受到重视，大家就都会更快乐了。

我可以保证，以上规则都是很有效的。因结婚 8 年来，我丈夫所有的工作都是在家里做的，所以我很了解自己所说的话。如果你有个整天 24 小时都待在家里的丈夫，不妨试试凯瑟琳的秘诀吧！

## 16. 当你是职业妇女时

倘若你有自己的工作或职业，当放弃它可以增进你丈夫的许多好处时，你甘心放弃这个工作或职业吗？如果不愿意，那么你阅读本篇就变得毫无意义了。你一定是想要使自己有成就，而不是帮助丈夫的成就。

帮丈夫获F得成功本身就是一个需要专业精神的工作。你一定要相信帮助丈夫非常重要，而且必须付出所有的注意力，否则你就无法帮助他了。

以下是个迷人女孩的真实故事——她本来认为自己的职业更加重要，直到后来有件事情改变了她的想法。莎黛是著名的探险家卡维斯・韦尔斯的太太，当她认识他时，自己已有了非常热爱的工作。

莎黛是个成功的广播与演讲的经纪人，须与许多名人接触，卡维斯・韦尔斯也是因为业务和她认识的，卡维斯爱上了她并且和她结婚。结婚的条件是，她可以继续保持使她迷恋的工作。

3月举行婚礼，到了6月，卡维斯·韦尔斯就要动身前往苏俄和土耳其去爬阿拉勒特山。她本想留在家里工作，但临行前夕，她竟无法独自留下来。她说："就只这一次和你一块去！"于是他们就出发了，那是一个艰难和挫折的梦魇——虽然这次历险使卡维斯写出了那本畅销书《卡普特》。

当莎黛再回到自己的工作岗位后，发觉她的工作比起这次出生入死的探险经验，显然太没意思了。于是一年半后，她又和丈夫前往墨西哥，去爬帕帕卡第帕特尔山脉，这一次严苛的考验，大部分的时间都是在寒冷、饥饿、疲惫和未知的惊险之中度过，但同时也感到非常兴奋。

山峰上刺骨的冷风，吹走了她坚持独立做事的最后一丝念头。她明白了作为卡维斯·韦尔斯的妻子，比在自己的工作上所能得到的任何程度的成功，都要重要得多。从墨西哥回来以后，她就关闭了自己的办公室。后来，无论海角天涯她都跟着她丈夫，马来半岛的丛林、非洲、日本、冰岛、喀什米亚山谷……都有他们的足迹，生活就像是一部充满惊奇的游记。

莎黛说："过去的我认为拥有自己独立的事业是很重要的，现在回想起来，觉得太孩子气了，比起我与卡维斯共享的这些体验，过去的生活是多么的无味和狭隘啊！我很高兴把我的兴趣和他交融，以及和他共享胜利及成功。而当失望和麻烦来临的时候，我们就一起面对它。

"我想我所获得的最大褒奖是卡维斯在他那本《卡普特》

书上所写给我的献辞：‘献给我最好的朋友——吾妻莎黛。’我生平所受的赞赏，再没有比丈夫给我的爱的献语，更令我满足的了。”

莎黛是在一个很戏剧性的情况之下改变心意的。但有许多妻子们都发觉，增进她们所爱的丈夫的幸福与利益，就是她们最有价值的“职业”，莎黛就是一个典型的例子。

我不但没有忽略许多由于环境的因素，而须外出工作的妻子们，并且还要致上最深的敬意的。我相信妇女们应该有能力，以她们自己的劳力来赚钱维持生活，因为生命是多变化的，谁能预知自己可能在什么时候须担起一家生计，而生病、死亡、失业和灾祸可能会捣毁掉原先最好的计划。

事实上帮助丈夫就是一个很大的工作，大得需要妻子全力以赴。一个妻子如果尽责地全神贯注在自己的职业上，就不会有足够的余力去帮助她丈夫成功了。当然，每一件事情都有例外，但是经验使我相信，夫妇双方如果目标和兴趣是一致的，则丈夫的成功和婚姻的幸福都是可以预期的。

【摘要】下一个必须注意的重要原则就是——

●如果你的工作和你丈夫的幸福与利益有所冲突之际，最好能心甘情愿地放弃自己的职业。

## 17. 不要成为被丈夫抛在背后的女子

T·W·海斯夫人在14年前结婚时，有胆怯的毛病。她说："我很害怕和陌生人接触，也害怕公开的宴会，我胆怯得无可救药。"

海斯先生是个年轻有为的律师，在当地的政治圈里很活跃。这样的人当然是交游广阔，三天两头地参加会议，以及各种社交活动。雪莉·海斯——他的新娘，很害怕地了解到自己到了那儿应该做的事。她该怎么做才能克服她面对人群的胆怯，而帮助他先生在社交上成功？

她实在没有把握！但如果她没有办法克服自己的胆怯，对丈夫实在是过意不去。"人们最感兴趣的是他们自己。所以，在谈话中，你可以把话题集中在别人身上、他的困扰、他的成功。把你的注意力集中在他身上，你自然就会忘记你自己的存在。"这些话启示了雪莉·海斯，她决定要试试这个方法。

结果真的有效！她说："我因为真正对别人发生兴趣而渐

渐地不再害怕了。我发觉他们也都有着种种问题和烦恼。当我更加了解他们以后，我就开始喜欢他们了。现在，我急于找到新朋友，我和他们处得很愉快。我已经喜欢在自己家里招待客人，也很喜欢和我的丈夫出去拜访人，他现在已经是个州里的参议员了。最重要的是，我很高兴并没有因自己不擅社交应酬，而阻碍了丈夫的成功。”

每一位妻子都有训练自己，帮助丈夫事业成功的责任。无论丈夫从事什么，妻子如果有和旁人亲切相处的能力，她就能推动丈夫向成功之路大步迈进。

如果妻子天生就有这种能力，当然最好；否则她就必须培养这些能力，就像海斯太太那样。这是作为成功男人的贤内助的必备条件。

某州州长曾悄悄地告诉过我，他成功的最大原因，乃是得力于机智、有教养和有魅力的妻子。他自己是生于“遥远的海外”，长大于大都市穷困的移民区里。

“如果我娶了个邻近的女孩，我很怀疑自己是不是会有自修的动机，而在世界上出人头地。我的妻子，感谢上帝，她具备我所缺乏的每一件东西。她是我心灵的支柱，不管我周旋在皇亲贵族之间，或者是要出入下层社会场所，她都可以应付自如。”他如此说道。

千万不要认为反正现在丈夫地位低，根本用不着自己去帮什么大忙。要知道商业界、工业界以及职业上的明日领袖，都是今日默默无闻的青年，没有人是一开始就站在最高峰的。为了10年、20年或是30年后丈夫成为顶尖人物时，不至于木讷胆怯、不擅交际，现在就赶快做好准备不是更好吗？聪明的你，马上做准备吧！

如果你觉得像雪莉一样，就马上驱除这些羞怯吧。如果你觉得笨拙或是不擅交友应对，你就该学会喜欢、尊敬和欣赏别人。如果你觉得教育程度不够，那就不该再搬出那句老掉了牙的借口："因为我没机会上学啊……"你要立刻走入夜校；如果你付不起学费，用跑的，而不要用走的，赶快到最近的图书馆去。

被丈夫抛在身后的妻子，是因为她没有同甘共苦的资格，并不值得同情。这种人，不是太懒就是无能，总是毫不用心于利用围绕在我们每个人身边的无数向上的机会来改进自己。

"配合丈夫的工作步调来调整自己的步伐，是创造婚姻幸福的真正关键。"这是艾立克·钟斯顿夫人说的，她是美国电影协会会长的夫人。

她劝告那些想要赶上丈夫事业步调的太太们，要多参加社交活动以拓展自己的交际，而不要把自己的交游局限在一个小圈圈里。

钟斯顿夫人同时又说："也许你会认为，你的丈夫并没有需要你协助的社交性工作。当初我丈夫也没有这种事业，他只是个挨家挨户推销真空吸尘器的人。当时谁会想到他在未来将会打出什么天下。我所知道的只是他渐渐地创出一番局面。"

未来会是个什么样子？没有人知道！但是聪明的人会做好

准备以待机会来临的。学习如何广结朋友，以及与人的相处，这是在你的丈夫成为重要人物前，须事先做好的准备，不管他的职业或社会地位是什么，这是一种永远可以帮助他的技术。如果丈夫口讷于言，不善交际，一个机灵的妻子，将可以帮助他弥补这项缺失；而如果他在这一方面，已经相当机警圆滑了，做妻子的也有需要帮助他——以免让他给人觉得太荒谬可笑。

当我搜集本书资料时，曾访问了美国最大公司之一的人事主任，做了一次愉快的会诊，他很骄傲地告诉我，他有时候会因为太投入于工作，以致忽略了别人的感觉。但是他的妻子永远不会因为太忙而这样。他说：

就在最近，我气冲冲地跑到我们的洗衣店，向老板吼着不准把我的衣服洗得有任何偏差！他愁眉苦脸地对我说："要是你的太太来，我总是觉得好过一点。"每个人都喜欢我的太太，她既仁慈又和善。她真的很体谅别人，绝不使人感到厌烦。

当我们走过邻居希腊人所开的店铺时，她就用希腊话和他招呼；在街尾的另一个转角，她就用意大利话向那卖水果的男人寒暄。他们根本都不睬我。因为不怕麻烦地学会他们的话去同他们招呼的是我太太，而不是我啊。这就是她深获人心的做法，而她也确实是到处受欢迎。

这样的女士，我真想认识她。难道你不想认识她吗？

友善与和气，是无价的资产。工作繁忙的男人，常因太投入于工作上的技术层面，而忽略了滋养人生的温情；如果他有个无论走到哪里都能够制造出一团和气温暖人心气氛的妻子，他将是多么的幸运。这样的女人，尽管丈夫如何了得，她永远都不会被抛落在背后的。她是她丈夫选派到世界各地去的亲善大使。

有许多方法，都可以使一个亲切的女人促进她丈夫良好的社会基础。一如所有的技术那样，这个方法也需要经常练习。

汉斯夫人，她先生是美国新闻广播人协会的会长，她在社交方面的协助本领真是高明。她说她已经被叫做“打岔专家”了，因为她有第六感，知道何时应该打岔，以及如何打岔。当我去访问她时，她告诉我，如果他先生的话题拐错了方向，她就会抓住一个适当的时机说：“汉斯，为什么不谈谈……的事情呢？”一方面提醒丈夫，一方面使人把注意力移开不太愉快的话题。

汉斯夫人还懂得如何使她那受欢迎的丈夫不致过分劳累，在他讲演结束以后，许多人都想要和他握手，要是站在那儿和他谈上半天，那对他的健康是不利的。汉斯夫人总是在适当的时机告诉他，他们的车子正在外头等着，或是他们已经赶不上一个约会了，而巧妙地把丈夫带走。

有一次，在市政厅演讲以后，汉斯先生被听众们的许多问题留住了，汉斯夫人知道如果演讲不马上结束的话，她的先生将会累惨了。于是她站起来说道：“对不起，我有个问题：汉斯太太在问汉斯先生什么时候才可以回家吃中饭？”听众们都一致附和她了——于是汉斯先生才能脱身回家吃中饭。

另外还有一件重要的事，可以使妻子造就出一个成功的丈夫，或者是造就出一个她希望将会成功的丈夫。但是首先需要双方有足够的爱心、体贴和合适的时机。否则可能还会带来相反的后果。

这任务就是：妻子要防止丈夫对于成功的骄矜自满。

我们已经提过许多鼓舞男人进取的方法。但是有时候男人也需要被贬抑一下，才能保持他的理智而不至于变成一个盲目的自大狂。能够成功地做到这一点的女人，是值得一生感激的。狄斯雷里提过他的太太是他最严苛的批评家，而且也因此而自傲；而她使得她那飘然欲飞的丈夫能够踏实地创作。

另一位当代名人也告诉我：他太太在适当的时候所给他的亲切贬抑，对他的成功可说是最大的贡献。他就是里曼·毕奇·史东。他的祖母荷里特·毕奇·史东写过《黑奴吁天录》，而他自己是个名作家和大学讲师。他说：

当我开始到大学授课的时候，很幸运地，我的学生都很喜欢我。下课后他们总围着我，对我大加赞赏，使我真有点飘飘然了。当时我对于自己，真的是陶醉得晕晕然了，我迫不及待地想跑回家去告诉太太，说她嫁的是一个多么伟大的天才。

每当我做一件新的工作，或是接下一个有所冒险的事，她总是会帮助我建立自信心，所以当她对我这些得意的情况反应冷淡时，我感到相当惊讶。她说——你做得这样好我真感到高兴，但却千万不可被谄媚弄昏了头。除非今后仍然努力用心保持你的水平，否则这些今天称赞过你的人，明天也将弃你而去。

还有一次在某个大厦的奠基典礼里，我在一大群人面前讲演。我觉得我在这个场合里已经完全把自己表现得淋漓尽致，我觉得自己是自威廉·布里昂以来最伟大的演说家了，于是我又有些飘飘然地回家。

我沾沾自喜地把讲演的高潮重演一次，并把得意的细节不厌其烦地重复说了好几次。然后我坐下来等待着她的赞叹。她却对我微笑着说——那真太棒了，亲爱的，但是那些出资盖大厦的人呢？我觉得他们似乎更值得被赞美——你的演讲只不过是在对他们表示敬意而已。

她说得真对。我的骄傲随之就像肥皂泡那样消减了。我发觉我差一点点就变成一个骄矜自大、自欺欺人的小丑了。真要感谢我太太的爱心和敏感，使我能了解我自己，并知道自己的努力是不够的。

海斯夫人，钟斯顿夫人，汉斯夫人，史东夫人——这些女士们都知道如何和她们的丈夫一起生活——并且能够替她们的丈夫争光。

她们的做法是尽力到处赢得友谊，在任何一种场合的社交都能胜任愉快，而且使自己的丈夫脚踏实地，不会骄矜自满。

任何女人如果能够做到这些，就不必再担忧自己会变成“被丈夫抛落在身后的女人”了。

【摘要】如何适应各种情况

●如果情况需要，就应该心甘情愿地跟丈夫搬到新环境去。

●当丈夫必须工作过量的时候，要配合并协助他。

●要下决心去适应他的工作所带来的特殊情况。

●如果丈夫必须在家里工作，不要打扰他，并要使每个人都感到舒适。

●如果自己的职业和丈夫的利益有了冲突，请干脆放弃自己的工作。

●赶上你的丈夫——不要落在他的身后。

第五部

# 协助丈夫应该注意的盲点

## 18. 何以男人会离家

桃乐丝·狄克斯写道："一个男人在婚姻里能不能得到幸福，他太太的脾气和性情，比其他任何事情都来得重要。她可能拥有全天下的每一种美德，但如果她脾气暴躁，唠叨挑剔或个性孤僻，那么即使有再多的美德也都是枉然的。

"许多男人，放弃了奋斗的机会，因为他的太太不断对他的每一个抱负和心愿浇冷水，她那些无休无止的挑剔，例如，不时地责问自己的丈夫何以不能像她所认识的某个男人那样赚大钱，或是她的丈夫为什么写不出一本畅销书，得不到某一个好职位……这样的女人，怎会不使丈夫感到丧气呢！"

真的，对男人而言，唠叨挑剔比起奢侈浪费，是更大的不幸，而不做家事和行为不贞，也会增加家庭的痛苦。关于这一点，你倒不必马上相信我的话。先听听专家的话吧。

路易斯·M·特曼博士，是名心理专家，曾对1500多对夫妇做过详细的婚后生活调查。结果发现，丈夫们把唠叨挑剔，列为一个做妻子的最严重的缺点！盖洛普民意测验，也得到了相同的结果。男人们都把唠叨挑剔，列为女性最严重的缺点。另外一个著名的科学研究机构——詹森性情分析，也发现没有其他恶癖会像唠叨与挑剔那样给家庭生活带来这么多的伤害。

然而，似乎自从穴居的上古时代开始，太太们就竭力要以唠叨挑剔的方式来左右自己的丈夫。传说苏格拉底为了逃避他那脾气暴躁的太太，曾花费自己大部分的时间躲在雅典的树下苦思哲理。法国皇帝拿破仑三世和亚伯拉罕·林肯等杰出的大人物，也都受尽了妻子唠叨之苦。奥古斯丁·西泽和他的第二任妻子离婚，因为就像他说的，他实在“无法忍受她那暴躁的脾气”。

至今仍有女人想以唠叨的方式来改造丈夫。但不幸得很，自古以来这种方法，就从没有发生过效用。

有一位老朋友告诉过我，他太太一直轻视和嘲笑他所做过的每一件工作，他的事业几乎要被太太毁了。刚开始他是个推销员，喜欢自己的产品，并且很热心推销。晚上回家时，他本来很想得到一些鼓励，但他的太太却以这些话来回报他：“好哇，我们的大天才，生意不错吧？你带回来不少佣金了吧？或是只带回来推销部经理的一顿训斥呢？我想你一定知道，下个星期房租又到期了。”

好几年来，虽然不时受着冷嘲热讽，这位男士还是努力不懈。现在他已是全国著名的公司的执行副总裁了。至于他的太太呢？噢！他和她离婚了，而且又娶了一位能够给他爱心和支持的年轻女孩，这是他的第一位妻子所不能给他的。

事实上，第一任太太并不知道自己为什么会失去了丈夫——“我省吃俭用，吃了这么多年苦……现在他不再需要我替他做牛做马就丢开我，去找年轻的女人了。男人竟是这样没良心啊！”

如果告诉这位女士，使得她的丈夫离开的，并不是另外的女人，而是她自己的唠叨挑剔，想必这位女士也是不会同意的。但这的确是她丈夫离开她的原因。

她是以一种轻蔑的方式来唠叨和挑剔，这对于男人的自尊是一种无法忍受的打击和折磨——打垮了他自认为有能力赚钱养家的男性自尊。

最近，另一位老朋友的儿子也有相同的经验。他是个二十多岁的青年，从事广告事业，因为竞争非常激烈，他渴望以安慰和体谅来维持他的斗志。但他的太太好强且充满野心，因此她很不耐烦丈夫手腕不灵活、动作又太慢。

由于太太不停的嘲笑与指责，使他意志消沉。他亲口告诉我，最难忍受的事情是，他的太太已经一点一滴地把他对自己的信心腐蚀掉了，就如滴水穿石一般。他开始对自己的工作感到施展不开和没有信心；终于他丢了工作，而他的妻子不久也就和他离婚了。

离婚之后，他又渐渐地拾回失去的自信，就像是一个生过病的人，又逐渐恢复健康那般。

唠叨挑剔的一种最具杀伤力的方式是，动不动就拿一个人来相比。比如：“为什么你赚不到更多的钱？比尔·史密斯已经爬了两级，你却还在这里！”“哥哥买得起皮草大衣给嫂子，当然啦，那是人家知道怎么赚钱呀！”“如果我嫁给赫伯特，一定可以过得舒舒服服的！”这些就像一把把利刃……

诉苦，抱怨，比较，冷嘲热讽，喋喋不休；凡残酷的女人，对于这些手段不是专精其一，就是兼而有之的全能。唠叨就像麻醉剂，学不来也改不掉。它是习惯养成的。

如果一个二十来岁的妻子，就爱常常唠叨：“不知什么时候，才能住进像麦金家那么好的新房子！”那么到了 40 岁的时候，必定变成一个令人憎恶的，对任何事情都不能满足的无可救药的抱怨专家。

婚姻生活里，很少有夫妻从不吵架的。性格成熟的人，承担得起一个寻常的争执，而不致情感破裂。但是无休无止的长期唠叨所产生的压力，常常会压垮一个人的进取心。一个男人，不论他在白大曾经做出什么大事，如果他每天晚上回家后，碰到的都是那个喋喋不休的太太，相信他又会从顶点摔下来。

维吉尼亚大学教授沙姆·史蒂文森博士在最近讲演中，呼吁美国的丈夫们，应该享有四大新自由：免于听唠叨挑剔的自由，免于被使唤的自由，免于消化不良的自由，以及在一天繁忙的工作之后，可以舒舒服服地在清爽的家中休息的自由。

为什么女人老要对她们的丈夫絮絮叨叨？理由可真不少。当唠叨是一种身体不舒服的征候时，找医生做健康检查，可以帮助我们得到健康，这就如同时常检查我们的汽车，以使它们维持良好的状况。

长期困乏，常常会转化成唠叨。治疗的方法就是找出疲乏的原因，并消除它。

心理学家说："受到压抑的打击，常会造成唠叨。"亲戚的问题、性的挫折、爱的失落、对人生的不满，这些都是典型的打击。人们常以唠叨、抱怨或诉苦的方式发泄出来。分析一个人的心理，并且引导它们发泄出去，做一些有关这方面的事情，便是消除它的最佳途径。以唠叨的方式来发泄，只不过是火上加油而已。

甚至法律上，有时也会把唠叨当成减轻刑罚的依据。瑞典斯德哥尔摩发出的一则电讯，瑞典国会对于谋杀判罪的一个使人十分惊奇的修正法案——将把预谋杀人的罪行判成过失杀人，而不是谋杀——如果能够证明受害人是一个喜欢唠叨的人！

乔治亚州最高法院的一个判例，如果丈夫为了躲避妻子的唠叨，而把自己锁在客房里是无罪的。法庭的说法是："所罗门王说：'与其在大厅里受女人的闲气，不如住到阁楼的角落里。'"

一位英国法官，批准了一个男人和他那与人私奔的妻子的离婚，但是却把丈夫所要求的赔偿金，从 7000 元删为 210 元，这位法官解释说："由于长年不睦，妻子对于丈夫的价值，早打了折扣。"

纽约《美国新闻》杂志专栏作家哈·贝尔，曾批评此案："有哪位妻子愿意法律明文记载她的价值已经因为夫妻失和而逐年递减了？这并不是一个很妥当的判例。一旦养成这种观念，恐怕很多丈夫们会跑来法院：法官，我要离婚，但请你不要叫我负担那个毫无道理的赡养费。我那老婆和我一向不睦，她早就值不到一个铜板了，我只要让她自由就好了。"

有些男人不但愿意让他太太恢复自由，甚至不惜筹款设法摆脱她呢！

纽约的一期《世界电讯》杂志上，记载着一个有关不择手段的男人的故事：50岁的卡车技工，雇了3个流氓杀死了自己的太太。为什么呢？他宣称是由于他的太太一直不停地对他唠叨和挑剔。

如果唠叨对男人的工作和成功，是这么大的绊脚石，你是不是想知道，有没有什么补救的方法？除非爱唠叨的人能够了解她所带来的不幸，且诚心改过。一个人只有在知道自己有病时，才能进一步治好它。

唠叨是一种破坏性的心理疾病。如果你怀疑自己有这种病，请快去问你丈夫！如果他说你是个唠叨的人，请不要马上生气地争辩；这只能证明他的看法没错而已。相反，你要马上设法医治这个病症。

以下是6个可能对你有益的建议：

**第一，取得丈夫和家人的合作**

当你每次发牢骚破口大骂，或是对着早就发霉的问题喋喋不休时，请他们向你罚两毛半的钱。

**第二，养成把话只讲一遍，然后就像忘掉，不再重提**

在必须很不耐烦地提醒丈夫六七次，说他曾经答应过要去除草的情况下，想必他现在不会去割了，为什么你还要白费唇舌？唠叨不过使他更反感，而下定决心绝不屈服而已。

**第三，想办法使用温和的方式达成目的**

“用甜的东西抓苍蝇，要比用酸的东西有效多了。”这是我们的老祖母常说的话。这句话至今仍是真理。“如果你愿意去除草，亲爱的，晚餐我将烘好你最爱吃的苹果派。”或者是：“亲爱的，真高兴你把我们的草地，修得这么整齐——艾伦太太正在说她的丈夫要能够像你这样勤快就好了。”类似这样的方法，将更加容易使你的希望达成。

**第四，要能轻松幽默**

幽默将会使你常保愉悦的心情。固然在悲伤的场合露出笑脸会被人说傻里傻气，但是对于小事情都要当成悲剧来演的话，早晚一定会精神崩溃的。

有些太太在催促丈夫到浴室去拿浴巾的时候，竟然也大动肝火，严重得如同拉雪尔在哀悼自己的孩子，或者是像麦克白夫人鼓励丈夫去谋杀国王一般。凡有理智的女人，都不会浪费到对一件便宜衣裳，付出舶来品的价钱；但在我们之中却有人常常白费精神，紧绷着一张脸，为了一些微不足道的小事而把一切都转变成怨恨。

**第五，冷静地讨论重大的不愉快事件**

有不愉快的事，尽量写在纸条上。等你和你的丈夫都很冷静和理智时，再拿出来读读看。这时，倘是微小而不重要的事，你一定不好意思再提起，而丢开它们；否则，不妨把心事拿出来理智地同丈夫商量，看看能不能利用彼此相互的信任和合作共谋解决的办法。

**第六，要对自己不需唠叨就可达成目的之能力感到骄傲**

研究和练习人际关系的艺术。巧妙地激励别人，而不是勉强别人去做你想要的事。查尔斯·史考伯说这才是让男人合作的秘诀。不错，就因为他有这种能力，才会有人付他 100 万美元的年薪！

正如某一首歌那样，你不能用一把枪获得一个男人，一样的，也不能用唠叨话来折服他。否则，你只会挫折他的意志，毁灭你自己的幸福而已。

## 19. 其实你只是在扯后腿

最近的一个晚宴里，我坐在全美最早设立的某公司工业关系部经理旁。我请教他，妻子应如何才能帮助她们的丈夫成功。

他说："有两件最重要的事情，第一件是爱他，第二件是不干涉他工作。一个可爱的妻子，将会为她的丈夫创造一个愉快和舒服的家庭生活。如果她能够体贴得让自己的丈夫安心地埋头工作，她的丈夫将能发挥出全部的能力而获得成功。"

他进一步说，这个体贴的态度可以直接应用于妻子和丈夫工作的关系，以及妻子和丈夫业务伙伴的关系。

"有些妻子喜欢多事地干预丈夫，去反对和他一起工作的人，或是抱怨丈夫的薪水、工作时间和责任，活像是丈夫经营事业的非正式顾问。这种妻子最能扼杀丈夫的前途。"

许多新娘子都会做着以机灵帮助丈夫爬上经理宝座的美梦。她们计划出一些策略；她们进行各种活动；她们试探、尝试，并且在丈夫工作的人员里培植友谊。通常，她们会弄巧成拙使得自己的丈夫连原来的职位都断送了，而不是升上一级。

我曾经遇过这种事：有一天我工作的小公司里来了一位新的经理。他很机敏，看来很适合这个职位。而令人不解的是他的妻子竟然始终干预着他。每天早上她都和他先生一起来到办公室，记下她先生的话，交到外头给打字小姐，或是调阅什么文件。这绝非我捏造的，而是真实的事。

办公室的工作情绪被破坏了。首先有位女职员辞职了，我们剩下来的人也都在观望着伺机而动。这位新经理到任还不到一个月，就被叫到大办公室去，董事长礼貌地告诉他，不能再留他了。于是，他走了——带着他的太太一起走了。

太过分了吗？也许是吧；但有许多人都因更轻微的原因就被解雇了。妻子的干预，即使有着最好的动机，也都是一件冒险的事，其严重性比大多数人所知道的更有过之。

最近有个朋友告诉我，他公司里一位最受器重的经理，在服务多年以后被迫辞职了，只因他的妻子喜欢干预他的工作。她设计了许多阴谋企图对抗公司里的其他几位经理，因为她认为他们是她丈夫的敌手。她在这些经理的太太之中挑拨是非，有计划地散布谣言攻击他们。她的丈夫对她无可奈何，于是只好做了他唯一能做的事：辞掉了他那足以傲人的职务。

如果你是幕后牵线的信徒，我将告诉你更简单的方法。

以下列出了10种，你可以依照指示“扯你丈夫的后腿”，把他从阶梯上拉下来，使他爬不上去。如果依照以下的指示去做，纵使还无法使你的丈夫失业，至少你也会使他变得神经衰弱！

**第一，对他的女秘书存心猜忌，尤其对那些年轻貌美的**

不要错过提醒她，她只是个佣人的机会。虽然她并不把你的丈夫看成想要追求的天才，但是你也不能因此放过她。固然，失掉一个好的秘书，对一个有事业心的男人来说，是个很大的损失，但如果她辞职了，也不必发愁，因为你的丈夫还可以使用一部记录机器。

**第二，每天老是不停打电话到他办公室**

告诉他你在家里碰到的琐事，问他中午同谁一起午餐，不要忘了开给他一张购货单，要他在回家的路上买回来。发薪日别懒到不去他的办公室去找他，他的同事才会知道谁才是一家之主，而且你丈夫的工作精神，马上会像那即将垂死的植物一样迅速凋萎。

**第三，和他同事的太太制造一些摩擦**

这将会很热闹的，因为那些太太们没有一个是好人。你可以散播一些有趣的闲言闲语，说说上司曾经怎样批评她的丈夫，以及你的丈夫对她丈夫的看法等等。相信不久整个办公室就会分裂成许多派系——而你的目的达成了。

**第四，跟他说他的工作太多，而薪水太低了，且在办公室里也没有人器重他**

不多久，他就会开始相信你的话，且以行动反映在工作上，然后他就会去找另外更适合他的工作——失业。

**第五，不停地嘀咕，他该如何改善工作，如何增加销售以及如何奉承上司**

摆出一副最高指挥官的态度。毕竟他只是在办公室里指手画脚而已；而你才是真正的大谋略家。

**第六，举行豪华舞会，挥霍无度，过着入不敷出的生活，使先生像个成功者**

你会生活得很舒适，而且——很多人在背后窃笑你。

**第七，布好侦探网，长期侦查丈夫和他的女职员以及同事太太之间的关系**

女士们因工作上的关系必须留下来，而男士们为了避免和她们过多的来往，只能在男士的房间里工作，这种事实在你看来是毫无意义的。因为你早知道那些女孩子个个都是色情狂、喜欢勾引男人的野女人。

**第八，每当你有机会向丈夫的老板眉目传情时，你就尽量使出浑身解数吧**

在你努力以后，如果老板还没有要开除你的丈夫的意思，老板娘也会特地为你的先生找个新上司，让你再试试你的计策。

**第九，在公司举办的宴会里，你不拘一格，大出风头……**

表现表现你是个多么懂得幽默的人——说一些你丈夫度假时如何玩闹，或者他穿多么可笑的睡裤上床……这些有趣的小事，将会带给宴会上的人群许多笑料。你将会变成宴会里最出风头的人物——拿你的丈夫来寻开心，你将有说不完的资料来发表你丈夫的趣事。

**第十，当你的丈夫必须加班或出差时，你就同他吵嘴，向他抱怨和唠叨……**

让他知道你才是最最重要的，你最值得照料而且应该受到照料——任何代价都应该牺牲。如果你想要使用一流的手腕，毁掉你丈夫升迁的机会，大小姐，你就尽管依着上述的十条规则去做吧。结果是，他将失去他的工作，而你将失去丈夫！

## 20. 不要逼他超过能力的限度

当珍·韦尔斯在 1826 年嫁给汤姆·卡莱尔的时候，她的许多朋友都背地里说，她已经把自己的幸福断送掉了。珍既漂亮，又是个巨额遗产的继承人，大家都认为她可以嫁一个更好的丈夫。汤姆·卡莱尔非常聪明，但同时也相当顽固而不合时宜，他没有一毛钱，也没有什么可以预期的前途——他有的只是聪敏和才华。

珍的婚姻，以及她那冷峻严厉的苏格兰丈夫，已经变成一个传奇了。她看着自己的丈夫被推为爱丁堡大学名誉校长，在伦敦受到了偶像化的崇拜，而且成为像《法国大革命》与《克伦威尔的一生》这种古典文学的闻名作者。他们位于查登尔西斯的家，也变成了当时所有文学天才的聚会所。

珍原为才华出众的诗人；但为了有更多的时间去帮助丈夫，就放弃了自己的写作，离开了家庭和朋友，而和丈夫到一个孤立的苏格兰僻静乡村，她的丈夫因此才能不受干扰地著述。在那里，她自己缝制衣服，做个简朴的家庭主妇。她照料着丈夫的慢性胃病，并且抚慰他长久以来的郁闷。当她丈夫的书开始吸引世人注意后，她就和能够欣赏丈夫才华的人交往。在社交圈里，有许多美丽的女人都很欣赏她的丈夫，她也很能忍受她们，因为她们能够使她丈夫的作品，引来四面八方的注意。

但珍最令人敬佩的是，她从来没有想要改变她丈夫的个性。在一封目前很有名的信里，她写道："我并不鼓励每一个人，都变成一个模式，我宁愿用粉笔在每个人的周围书画个圈圈，劝告他们不要踏出圈外，而尽力发挥其圈内独特的个性。"

换成别的女人，可能会想要改善卡莱尔先生的一些不随和的个性。自然，这也是为了他自己。可是，珍却只是一心帮助他发挥他自己的个性。她喜欢她先生的本色，而且她希望世上的人，都能够接受她先生本来的样子。

真的，帮一个男人了解他自己的能力，和硬逼他去做超出能力的事的两种态度之间存在着一种微妙的界限。要认清一个男人的能力限度，不可以硬要他去做超出能力的事，这是女人应有的认知。

对珍来说，她并不想把很有智慧的天才丈夫，改造成一个彬彬有礼的社交名人。她很尊重卡莱尔独特的个性，所以她只在他周围留意着，而不把他推出这个"圈圈的界限"。

当太太的人，未必都能这样明理。许多男士都因被迫去做超过自己能力限度的事，而神经衰弱——通常都是因为他有个野心家妻子。有许多在低层职位的人，工作得很好也很快乐。若要逼他们去争取不适合的高职位，就会把他们折腾得患上胃溃疡或提早进入坟墓，因为所有增加的压力和责任，并不是他们的神经系统所负荷得了的。

成功的意义，是指我们把适合于自己的志趣、体力和性格的工作做得很好。

史威特·马丁说："一流的挑夫，比其他任何行业的二流角色，都要更好。"

人的目标，并不在于当将军或是董事长。但我们都太致力于夸大地位和头衔了，那些不以最高职位为目标的人，往往被认为是太不长进了。他的妻子也因此觉得这是个莫大的压力，就会开始刺激他。就社会和经济的价值观来看，他不但必须追上某人的地位和收入，且还要发疯一般地超越他们。因此不足为奇的，在某些方面我们就被认为是个神经病的国家了！

耶稣不就问过信徒："你们之中有谁能够因为苦思和忧虑，而使自己的寿命增长一些呢？"当然，没人办得到；然而每天仍然悲剧重演，因为有那么多太太们还是自认为她们可以办得到。

我认识一个女人，她为了使她的丈夫成为白领阶层的办公人员而努力了多年。刚结婚时，她的丈夫是个快乐而能干的水管工人。她却耻于让朋友看到自己的丈夫带个便当（即使装满了上好的菜），而朋友们的丈夫都提着公文包（虽然里面也许空无一物）上班。所以她就插手管了。

为了使太太高兴，这位原本快乐而满足的可怜的家伙，就跑到一家大公司去谋职。多亏他的太太悉心指点，几年下来他在重重困难中好歹也升了几级。如果他继续当水管工人的话，收入可能就不只这些了，但是他现在已经放下螺丝起子而改拿笔杆了，而且他太太也才觉得有面子！他是个对工作厌烦的普通书记，在工作上得不到乐趣，但是他的妻子都从不吝于告诉她的女伴们，说她是如何把自己的丈夫从工人阶级里拉拔上来。

强迫一个男人，只能委屈他放弃喜爱的工作，而从事不喜爱的工作。有时候还会促使他离开已经很合适的工作，而硬要往上窜。放弃一份有资格接任的高职位，是需要勇气的，然而升级有时候也会带来不幸呢！

檀香山警局的克利夫·休斯曼，住在檀香山海登街 3259 号，在他的小女儿出生以后不久，他奉调到另一个单位。这一调职虽然收入增加，但同时也需要增加工作时间，而且压力也加重，以致他忙得无暇照顾太太和孩子了。但是作为一个尽忠职守的警察，他仍然接受了这项调职，而准备竭力去做好。

他看起来似乎过得还不错，但不久他就开始瘦削、失眠、脾气暴躁，最后他去找他的医生诊查。医生是他的朋友，首先在他身上找不出什么毛病来，但是在经过一段长谈以后，医生认为他的病是自身造成的麻烦。医生打电话给警察局长，告诉他休斯曼长此以往是会倒下去的，除非再被调回到巡逻部的老岗位上，否则警方就要失去一个好干部了。

休斯曼终于被调回来了，而他的健康也马上恢复过来，能够正常地吃睡，体重也恢复了，心情自然也愉快了。

休斯曼说："从这儿我得到了教训，对我来说，做一件喜欢的工作，比领取高薪要重要多了。胜任、健康、幸福、满足，比金钱要重要多了。"

休斯曼很幸运地能够及时得到这个教训。但有些人从无这种机会，而糊里糊涂地过日，以致追悔莫及。

读过约翰·马卡特的小说《没有退路》的人，一定会记得在那个社会里，无论学校、俱乐部、衣服和生活方式，所谓"正统"是比个性更加重要的。所以那个妻子就不断地逼她的丈夫，要一层层地爬上阶梯，以满足她的虚荣心。这位丈夫虽然不那么热衷于这种成功，但还是迁就于妻子的计划，直到最后想回头却为时已晚——他发觉自己已经深陷于一个不适合于他本性的社交圈里而动弹不得了。

野心过大甚至可能造成更严重的后果。《时代周刊》里的这行标题曾吸引了我的注意力："美国官员为他的野心所杀。"

一位 41 岁的国务院官员上吊自杀了，原因如警方所说，是由于"野心受到了挫折"。负责调查的警方解释说，这位自杀者一直野心勃勃地想做个外交官，但是他在国外服务考试中已经连败 3 次了。

最重要的还是要满足于我们能力范围以内的工作，而不要害了我们自己——或是我们的丈夫——不要千方百计去谋取超出我们能力范围的成就。

彼德·史丹克博士，在他那本《如何停止谋杀你自己》的著作中，责备那些过分逼迫自己丈夫的妻子们，她们要自己的丈夫马不停蹄地努力，以谋取比她们的邻居更多的财富，更好的名声和更高的生活水平。

史丹克博士说："这种女人天生就是求名利的，或者是后天影响所致，但总之，这些野心家摧毁了许多家庭的幸福。"

因此，让我们容许我们的丈夫去发挥他那独特的个性吧；而不要企图强迫他进入我们所认定的——属于"成功"的模式里。

恩特莱·莫洛在《生活的艺术》一书中说："一个作家不可能写好各种小说；一个政治家不可能改革好每一个小节；一个旅游家不可能走遍每一个乡村。"

由以上这些例子，我们可以得出一个结论："总之，最重要的是一个人对不适于自己的事，就必须坚定地不去实行。"

如果你希望你的丈夫获得最大的成功，请你鼓励他，爱惜他，并和他合作。

让他自由地发挥其才能，而绝不可硬逼他。

## 21. 不妨鼓励他勇于冒险

19 世纪 80 年代，我的祖父查理士·劳勃特本来是在堪萨斯州务农，后来他想要移居到印第安·塔里特利去，试试他能够在这个边界殖民区里做出什么事业。于是他和妻子哈莉就收拾好他们的行李放进一辆敞篷马车里，带着孩子们向未知的前途出发。他们在锡马伦河岸定居下来，就是现在的俄克拉何马州东北。祖父首先盖了一间小木屋，开垦了一片土地。不久，又借了一些钱在这个小村里开起一家小店，那就是现在俄克拉何马州的杜尔沙市。

我的祖母生活得很艰苦，不但身体不好、生活极不方便，更要照顾 9 个小孩，她收旧报纸来贴补那间最早搭建的小木屋。那里没有医生，只有一所一间教室的教会学校供小孩子念书。艰辛的日子、债务、冰冷的冬天和酷热的夏日，这就是他们生活的全部了。但是，查理士·劳勃特成功了，他克服了所有的障碍。哈莉在有生之年看到了她的丈夫变成一个成功的、受敬重的居民，她的儿女们也都幸福地成家了，而印第安·塔里特利也变成为联邦政府的一州。

这些州的发展，不只是依靠像查理士·劳勃特这些男人的开辟新的远景及拓展国境，同时也是由于他们的勇敢的妻子，就像哈莉不怕走向另一未知的天地。这些女人信仰上帝、信仰她们的丈夫，而且信仰她们自己。她们勇于面对危险、困苦、疾病和死亡。当她们朝着西部进发时，她们难道没有怀念过她们所离别的舒适的家、她们的故友、双亲、财富以及从不匮乏和劳苦的生活？

但这些拓荒的女士们终究是随着自己的丈夫来到这片荒僻之区，而为我们的历史写下了光辉的一页。他们留给自己的子孙一笔巨额的遗产，一笔土地、城市和辽阔大地的遗产——一种不屈不挠的勇气和无法动摇的信心的光荣传统。

想使丈夫成功的妻子，必须发扬我们的拓荒前辈的刻苦精神。妻子必须甘之如饴地去帮丈夫做他喜爱的任何事情，纵然他的做法是很冒险的。她必须有深信丈夫的勇气，而且毫不疑惧地支持他。能够奋不顾身地去实现进取心和创造心的人，更不会为了其他的原因而退缩了。

例如，我认识一个男人，只是为了太太宁愿牺牲任何代价来护持安定的生活，而终生厮守着那个不满意的职位。

开始时他是个会计，后来赚够了钱足以开自己的汽车修理厂了。然后他结了婚；而他的太太认为在还没有买房子以前，他最好还是不要辞去工作。等到他们买了房子以后，孩子出生了。这位男士的妻子一再提醒他，开创自己的事业将是一件多么冒险的事——于是日子就这样子过去了。他的薪水已够家庭开销了，且还有保险金可以供应孩子的教育。有必要辛苦创业吗？太可笑了！一旦失败了要怎么办？到时可能失去在公司里的年资、公司的退休金，因为他的妻子否定了他尝试的一切机会。

现在，他是个对生活厌倦的、庸庸碌碌的中年人，他把空闲的时间用来打理那部属于自己的汽车。他有张失意的面孔，好像害上什么疾病。他的生活乏善可陈，生命中绝大部分的时间，只是用来压抑对于工作的积怨，对于工作他真是没有干劲、没有热情、没有进取的野心——这都是由于他的太太不愿意给他尝试的机会。

如果他放弃了无趣的工作，从事自己喜爱的工作而失败了，事情又会怎样？至少他将因为已经做过了自己想要尝试的工作而感到满足。而如果他吸收够了失败的经验，他终将会成功的。

然而，值得庆幸的是，这种类型的妻子似乎并不多：雪佛酒厂最近的一项调查里，有6000名各年龄层的家庭主妇接受了访问。其中有一个问题是：如果你丈夫想要从一个他不太喜欢的安定工作，转到另外一个没保障且待遇较差，但却能够使他高兴的工作时，你是不是会赞成？结果，受访者中只有25%说不愿意让自己的丈夫改行！

我曾经替查理士·雷诺斯做过事。他是俄克拉何马州桂尔沙市一家大石油公司的财务助理。他是个活泼、能干、讨人喜欢的年轻人，看来他在公司里一定可以一帆风顺地往上爬。他有个太太，3个小孩以及璀璨的远景。

工作之余，查理士·雷诺斯喜爱绘画。他有许多风景油画悬挂在办公室的墙上。有时他也把画卖给公司以外的人。

雷诺斯先生虽然喜欢自己的工作，但他更渴望有更多的时间来作画，而且，他一向很喜爱有艺术家的乐园之称的新墨西哥州的达尔斯，因此他开始萌生去意，想放弃原职永久移居到那边。当他和他的太太鲁思谈到这件事时，她说："太好了！我们可以卖掉这里的每一件东西，到达城去开一家美术材料行，我们也可以卖画框。我将照顾店面，你就可以专心画画了。我相信我们一定可以成功的！"

由于太太热心的支持，查理士·雷诺斯就更坚定辞掉工作的决心。于是他们全家都为开创新事业而振奋。即使是年轻的小查理士，在放学以后，如果他的父亲正在作画，他也会帮忙店务。他画得非常好，终于成为西南部最有名的画家。他的作品曾经在美国各地展览过，也曾在许多画廊办过个展。现在，他是达尔斯城画家协会的会长；在新墨西哥州达尔斯城闻名的吉特·卡森街上，他还有自己的画廊和画室。这都是由于他和他的妻子勇于尝试的结果。

这种冒险的成功，并不值得大惊小怪——胜算的可能性是很高的。如同范特格利将军经常在作战前对他的军队所说的："上帝偏爱那些大胆而坚强的人！"

最适合于某个人的工作，或能使他满足，但并不一定就会使他富有或是过着好日子。然而除非一个人的工作能够带给他内心的满足，否则就不能算是真正的成功了。当妻子的要做丈夫精神上的强人，才能够支持他自由地去发挥他的才能，而放弃他薪水较好但并不满意的工作。

许多辉煌的成就，可能都是由于不自私的妻子愿意下赌注——而且愿意舍弃物质享受，因此她们的丈夫才能够从事适合于他们才华的工作。

救世军不只是它伟大的创始者威廉·布斯迪佛，同时也是一开始就全力献身协助威廉的妻子凯瑟琳的活生生的纪念碑。

威廉把传道当作自己的天职，他在伦敦的贫民窟对穷人、残障者和流浪汉讲道。他的妻子和孩子们都忍受着饥寒和嘲笑。他致力于帮助穷人，以至于损害了自己的健康。他的妻子也是从小就很衰弱，她患有脊柱弯曲症，必须缚着石膏才行。她还受着肺痨的威胁。到了她生命的晚年，更是受到癌症的折磨。在她临终前，她说：“我未曾一天不尝到生活痛苦的。”

然而这位瘦弱多病的妇人，不只是做饭、洗衣和照顾他们的 8 个子女，而且还帮助她的丈夫为那些比他们自己还更穷困的人奉献心力。她也传教讲道。在白天的劳累之后，晚上她还要到贫民窟去帮助那些饥饿、生病或是遭遇困难的人。她为那些怀有私生子的未婚妈妈准备饭菜，以及找寻安身之所。她和那些小偷、流浪汉与妓女亲切谈话。

你一定想（难道你不这样想吗？）凯瑟琳只要有了机会，一定想要摆脱这个愁惨的地方。这种机会不是没有过的，有一次长老会议，大家很为威廉的真诚所感动，就决定在一个比较富裕的地区留给他一个舒服的讲道工作——这样他就可以放下他在贫民窟的工作了。

但他们错估了威廉的妻子。凯瑟琳当时马上站起来叫道："不要！不要！"

就因她有了不畏艰难的坚定的决心，才有现在救世军到处工作者。我真希望凯瑟琳能够活得更久一些，以亲见她对于丈夫的贡献所得到的成果。我真想让她知道，在威廉的葬礼之中，当他的灵柩经过的时候，伦敦街头挤满了65000多人在为他哀悼，伦敦的市长也在他葬礼的行列中送行，欧洲的宫廷和美国总统也都送来花圈，在他的灵柩后面，有5000名年轻的救世军一面跟随着，一面唱着赞美诗歌来颂扬他们伟大的领袖。我却又以为这位奋不顾身的瘦弱女子也许早已预见了这般的场面……

是的，成功的真义是找出你所热爱的工作而努力去做，同时在奋斗的途中必须奋不顾身，这才是获得我们真正想要的东西的唯一途径。

"上帝啊，请赐给我一个有足够的胆识，去做别人心目中是个干傻事的青年。"罗勃特·刘易斯·史蒂文森如是说。

莎士比亚则说："疑虑是我们心中的叛逆，由于害怕去追求，往往使我们失去我们通常能够掌握的东西。”

上帝的确是偏爱大胆和坚毅的心灵。如果我们希望丈夫在他们觉得最有成就的工作上成功，我们就该鼓励他们去尝试每一个机会——而且要毫不犹疑地挺身分担随之而来的危机。

【摘要】帮助丈夫成功，你应该防止这些陷阱

●规则一：切勿唠叨及挑剔。

●规则二：切勿干涉他的公务，也不要在他的同事之间挑拨。

●规则三：切勿逼他去超过能力限度，也别要求他工作过量。

●规则四：切勿惧怕孤注一掷的冒险。

第六部

# 如何使他成为一个骄傲的男人

## 22.“她是个多么温柔可爱的女子！”

名作家E·J·哈地曾经写过，在纽西兰某处墓地有一块陈旧的墓碑，上面刻着一个女孩的名字：“她是个多么温柔可爱的女子！”

不知道那些字给了你什么感受，我觉得再也没有比这更适宜的碑文了。这位哀伤的丈夫，选择这句话刻在妻子的墓碑上，想必他一定拥有数不尽的回忆：当他回家的时候，有妻子微笑的面孔在迎接他，热腾腾的菜在桌上等他，他说一句有趣的话她会附和着笑，整个家庭永远沐浴在爱与温馨中。

做个“温柔可爱”的女人，以及有个成功的丈夫，这两件事似乎是分不开的。专家说，男人的太太如果能够使他幸福快乐，在事业上就有更大的成功率。

非常令人惊讶的是，许多深爱着自己丈夫的女人，都不知该如何使她们的丈夫获得快乐和幸福。她们心中虽然爱意洋溢，但是她们却做着这些错事：该让丈夫出门时，却仍然像水蛭那样紧缠不放；该静静聆听丈夫说话时，却仍然喋喋不休；而管起家来，又活像是个军训教官……

虽然要讨男人的欢心并不非常困难，但至少必须像举办一个舞会那样要很机灵、有脑筋、肯努力安排，而不必像一般的女人那样花费那么多时间去装扮自己。

当然，也不是说不应该使外表显得更迷人；而是我们往往太在意自己外表的装扮，反而忘了内心关怀的表露。学习过博取丈夫欢心之艺术的女人，就不愁失去迷人的青春之后，掌握不住丈夫的心了。

每个第一流的女秘书都知道如何使老板欢喜。她研究老板的性格，知道他的好恶，也知道在怎样的环境下，他才能把工作做得最好。她会改变一些个人的嗜好，以使老板更觉得舒服，例如她会牺牲自己的一点爱好，而改用无色透明的指甲油——如果这是她的老板最喜欢的颜色。

做人家妻子的，也可以从秘书工作心得中学到一些智慧。当然，我们为自己的丈夫的尽力总该不逊于女秘书对我们的丈夫所做的努力。

最引人称羡的美满婚姻，都是建立在妻子能够体会到，要学习与实行使丈夫快乐的方法。

当我访问总统夫人爱莉娜·罗斯福时，她告诉我她的丈夫去演讲旅行时总喜欢让她安排儿女中的一个随行，这种安排使总统十分高兴，而且也帮助他在繁忙的行程压力下放松自己。

罗斯福夫人说，孩子们通常轮流和父母出外旅行，每隔两个星期就换一个："这样的旅行有许多家庭乐趣，我们经常有说有笑，这使得我丈夫沉重的工作负担变得轻松多了。"

另外一位总统的妻子艾森豪威尔夫人说过："记住许多能创造别人幸福的小事，是一个女人很重要的工作。"

也许这些所谓的小事并不是真的是小事。哲斯特斐不是说过："良好的习惯，能从忍受小牺牲得来。"美满婚姻的秘诀也在于此。能牺牲一些自己爱好的妻子，通常所得的报偿，和那些小牺牲比起来是很值得的。

卡布尔夫人住在纽约西81街129号，她也信仰上面这句话。她是已故约瑟莱·卡布尔先生的遗孀，她的先生是驻古巴的外交官和国际著名的西洋棋冠军棋手。卡布尔先生是个聪明、灵巧且到处受欢迎的人。就像许多才能出众的男人一样，他对自己的想法非常固执。

但他们的婚姻却相当美满成功，因为爱情、浪漫的气氛和相互的尊重……卡布尔夫人给她的丈夫这么多的幸福，以致她的丈夫有时也心甘情愿地放弃些自己原本执着的成见，来博取她的欢心！

她是如何获得奇迹的呢？只不过是甘于"小牺牲"而已。当卡布尔先生情绪低落而不说一句话的时候，她就让他独自思考，而不会喋喋不休地激怒他。她本来喜欢舞会，但她的丈夫却喜欢闭门不出，于是她便毅然放弃许多迷人的社交聚会。如果她的丈夫不喜欢她穿在身上的衣服，她便马上去换一件他所喜爱的。她丈夫是个喜爱哲学和历史的读书人，而她本来只喜欢一些轻松的书。然而她还是认真地念了丈夫所喜爱的书，就像她所告诉我的，这是为了“赶上他的思想，并且成为他投机的谈话对象”。

她的丈夫有没有因而感激她？你听听以下的发展就晓得。卡布尔先生本来认为赠送礼物是一件非常可笑且毫无意义的事。但有一个情人节，他却像个小学生那样红着脸，送给他太太一大盒漂亮的巧克力，这是他对心爱的妻子刻意表示的关心。她高兴得不得了，她那只讲理智的丈夫竟会为她做出这样浪漫的事。由于她高兴的表现，她丈夫也觉得十分得意。从此以后，送礼给太太，就变成了这位理智先生最大的乐趣之一了。有一次他花钱请一名职员加班两个小时，用一堆大小不同的盒子把一小瓶香水包装起来，只为了得到看他太太在打开这些盒子时脸上表情的乐趣。

带给自己丈夫幸福的妻子，同样也会从丈夫那儿获得幸福，就像卡布尔太太那样。伟大的狄斯雷夫人也不例外，她常心存感激地告诉朋友：“由于丈夫的体贴，我的人生一直是很幸福的。”

想要使男人快乐幸福，只需使他感到舒适，以及让他做他必须去做的事。换句话说，也许也需要依照丈夫的个性来改变自己的个性。但是不管需要怎么做，请别忘了，要使他快乐幸福，就等于在他事业上的成功做了最大的贡献了。

然而，最甜美的是，在40年或50年以后，他还是会说：“她是个多么温柔可爱的女子！”

## 23. 共享他的嗜好

共享某一件事物——不管是一杯茶水或是一个奇想——可以使人倍觉亲密。分享我们心爱的人特殊嗜好的娱乐，是一种幸福。至少这是专家所强调的！伍德豪斯曾经对 250 对婚姻幸福的夫妻做过研究，他发觉这些婚姻之所以成功，夫唱妇随是个最重要的关键。

“夫唱妇随”的要素有哪些？共同的朋友、共同的嗜好和共同的理想……这些东西能够把人们紧紧联系在一起。且让我们来看看实际的例子吧！

一对著名的夫妇阿瑟·摩里和他的妻子卡丝琳，他们很可能是有史以来教过最多学生跳舞的老师，他们结婚 28 年来一直在一起工作。

我问卡丝琳："像你们总是每天一起工作，是如何避免陷入反复的单调的生活方式呢？你们是否觉得把工作与婚姻生活分开，是一件困难的事情吗？”

“一点也不！”摩里夫人说，“只要我稍微休息一下就行了。我总是尽量打扮得能够吸引人，只为了——我宁愿让10个男孩子看到我没化妆的样子，也不愿让我的丈夫看到一次。但更重要的是，我们共同享受相同的嗜好。我们都喜欢游泳和打网球；只要我们能够，我们就利用假期一起去享受这些活动。像上个礼拜我们就到百慕大去旅行了一趟。由此共享乐趣，使我们能紧密地相契，而且增加了生活上的变化和趣味。”

只是工作而没有乐趣的确会使婚姻生活变得枯燥无味。妻子如果学会了分享丈夫的嗜好，就可以促成她想要的“夫唱妇随”的愿望。

哈里·C·史坦梅斯在《临床心理》杂志中写道：“在成功的婚姻生活里能迎合对方的嗜好，比之兴趣与气质相同更为重要。”

克丽奥派屈拉，这位古埃及的尼罗河艳后从没有学过应用心理学，但却精通不少应付别人的方法——特别是对付男人。帕尔塔克告诉我说克丽奥派屈拉不算是顶出众的美人，但是她和别人共享快乐和特殊嗜好的能力，都使得她所向披靡。

她通晓她所有附庸国的方言（她的祖先从没有人学会过这些话），当这些附庸国的使节前来朝贡，克丽奥派屈拉不需要翻译人员，她能用他们的方言和他们说话，于是便赢得了他们的好感。

据说远征埃及的罗马帝国将军安东尼喜爱钓鱼，于是喜爱奢侈豪华的克丽奥派屈拉就放弃自己其他的享受，而不时陪同安东尼一起去钓鱼。有一次，安东尼钓了半天也没钓到一条鱼，她就叫个奴隶潜到水底，把一条大鱼挂在他的鱼钩上。有时候克丽奥派屈拉为了博得安东尼的欢心，就化装成平民，于是这一对贵族就跑到亚历山德拉城的贫民区和下级赌场去狂欢一番。总之，凡安东尼所喜做的每一件事情，她都乐于去做。

然而，我们之中有多少人甘心穿上马统鞋和粗布衣，不怕严寒与湿秽，而陪伴着自己的丈夫去钓鱼？

我认识一些孤单而不快乐的太太，她们总是抱怨自己的丈夫把大好的周末都浪费在高尔夫球场上。其实，她们早就该学学我的朋友弗洛南希·赛门克的做法。

已故的里昂·赛门克是个著名的工程师，他建造了许多城市的大马路和大桥，他是个杰出的业余运动员——几届奥林匹克剑道代表团的团员，以及高尔夫球赛冠军。他的妻子弗洛南希在刚结婚时，连这些运动最简单的术语都还搞不清楚呢。但她后来不只学会了打高尔夫球，而且还三获全国女子剑道比赛的冠军；又数次获选为奥林匹克代表。倘若她不愿不厌其烦地下工夫学习，和她的丈夫共享兴趣与嗜好，恐怕她的丈夫就必须舍弃生命中部分有价值的生活，或是在丈夫追求喜好的运动时，她只好独自排遣寂寞乏味的人生。

艾德加·华司是个著名的神秘小说与冒险小说家，他对工作非常投入，而赛马是他最喜爱的娱乐。华司太太对这种贵族式的运动虽没有多大的兴趣，但她知道她的先生在繁重的工作后急需喘一口气，所以她都陪伴丈夫去看竞技，并且和他一起欣赏那些名驹，尽量使她的丈夫在这项消遣上得到最大的乐趣。

妻子如果学会了在丈夫的休闲娱乐之中共享乐趣，就不怕被丈夫放到一边了。你的丈夫留下你而单独去玩乐吗？如果是这样，若非他是一个无可救药的自私自利者，就是你没有尽到把他的家变成个快乐休憩所的责任。

住在纽约塞拉古斯城罗朗街508号的弗朗西斯·休特太太，在新婚期间过得很不愉快，因为她的丈夫保持着单身时代在休闲时都和朋友出外闲游的习惯。休特太太虽然很希望她的先生能够时常留在家里。但她并未因此而对他唠叨、哭闹，或是跑回娘家去控诉一番；相反，她开始研究丈夫的嗜好，并且迎合他的兴趣。

休特先生喜爱下西洋象棋，而且具有专家的水平。所以她要求丈夫教她下棋，使自己变成一位相当高明的对手。休特先生喜爱与人交往和参加舞会，所以她致力于使自己与他们的家变得非常吸引人和舒适，于是她先生就很自豪地把朋友带回来，不再整天跑到外面去了。

这种做法自然非常有效，休特夫妇结婚已40年了。自从那时以后，休特先生就不离开家里到外头去玩了。事实上，休特太太还说，现在就是她想要拉他先生出去，也很困难呢！她告诉我：

“我认为妻子能够为丈夫做的最重要的事情，就是使他快乐。我生平最大的愿望，就是尽力使自己能与人和乐相处，而成为快乐的主妇。”

休特太太实在精通做好伴侣的方法。你难道不愿分享丈夫的嗜好吗？

## 24. 让他享有完全属于他个人的特殊癖好

和丈夫分享他的兴趣，是使他快乐的一个方法。但让他有一些完全属于他自己的特殊癖好，也是很要紧的。

安特莱·摩里斯在《婚姻的艺术》一书中说："除非夫妇之间，能够相互尊重对方的嗜好，否则休想有美满的婚姻。进一步来说，如果以为两个人之间会有相同的思想、相同的意见和相同的愿望——这是极可笑的想法。这种事情是不可能的，也是不应期盼的。"

所以，你应该让丈夫有个私人的天地去做他的工作，譬如集邮，或是其他任何他喜爱的事情。在你看起来，他的嗜好也许是毫无意义的，但是你千万不可因此而轻视它，或是因为你无法领受它的迷人之处就厌恶它。你应该让他随兴去做。

写《威尔·罗杰斯传》的荷马·克罗伊，当他在写威尔的电影剧本时，经常长居加州杉塔·蒙尼卡罗杰斯的农场。克罗伊先生告诉我，当他住在农场的时候，有一次威尔·罗杰斯突然想要一把刀——一种外貌丑陋，杀伤力很强的南非大刀。

罗杰斯太太不了解为什么她的丈夫想要这件东西，她的直觉反应是想要劝他不要去买。如果他有了这么一把大刀，可能不过拿来看上一两眼，就把它搁到一边而忘了吧。但再想了一会儿以后，她最终决定迁就她的丈夫。她甚至还大老远地赶到城里，亲自为他买回这把大刀，这竟使得威尔如同要过圣诞节的小孩子般兴奋。

在这片牧场里，有一带长满了多刺的矮树丛。他经常带着这把刀在这个矮树丛砍上几个小时，清理出可供马匹和行人通过的小路。一旦他有了难以解决的问题，他就会提着他的刀，独自走出去像疯子一样在那儿大砍一番，彻彻底底地自我排遣。等他全身流着大汗回来时，他的困难也大多解决了。

他时常说，那把刀是他所收到的最好的礼物。罗杰斯太太对于这件原本认为没有意义而终于迁就他，为他而做的事，也感到相当满意。

威尔那把大刀能发泄紧张的情绪——那就是一种嗜好所带给男人的好处了。

养成一些原有的工作以外的嗜好，不只使男人自己能够得到好处而已，做妻子的也会得到这个快乐男人给予的爱情。

---

我的表姐詹姆斯·哈利斯夫人住在俄克拉何马州杜尔沙市东埃德蒙区 3822 号，她的丈夫是一家大石油公司的地区审计

员。詹姆斯·哈利斯只要一有空，便装饰室内和修理家具。当然，他的妻子非常欣赏他出色的手艺，由于这种有益的癖好，家庭生活自然很愉快。

他还有另外一种癖好，带给每个人许多乐趣：他教他们家那头黑色的苏格兰种小猎狗马克做把戏。当然马克是业余演员，但是它却很喜爱观众。它最拿手的绝招是弹钢琴，开始时是用前脚弹，有时还四条腿一起来！

但心理学专家却警告我们：一个男人一旦开始对他的癖好比对本来的职业来得热心时，你就应该格外留意了！这意味着有些事情不对劲了，他正在借着他的癖好来逃避他正式的工作，想必存在着某些使他不再对工作感到兴趣的问题，在这种情况下，应帮助他分析状况，设法补救。嗜好的真正价值在于调整急促的生活步调，抒解紧张的情绪。我们应该利用嗜好来作为工作的润滑剂，而不是拿来代替工作。

这种意义下的嗜好，具有很大的改造功用。克拉克夫妇就是一个相当戏剧化的例子。他们在第二次世界大战期间，曾被关在日本俘虏营里。

克拉克先生是上海股票交易所的职员，他和他的妻子鲁思于 1941 年被日军拘留于华，和其他 1874 名英籍和美籍俘虏，共同过了 30 个月困苦饥饿和难捱的俘虏生活。

在《基督科学箴言报》的访问里，克拉克先生说："那段经验告诉我们，一个人虽然能够被剥夺掉家庭，财产，职业，但只要他还有敌人所不能破坏的兴趣，他的精神就不会被破坏了。当然，我所谓的兴趣是指具有创造性的；一个人对于音乐和文学的爱好，是任谁也无法破坏的。”

克拉克夫人是中国玉石和纺织方面的权威。她向俘虏营的朋友讲授这些知识，使他们在她的描述下，听得忘记了己身所处的悲惨环境。

克拉克先生对圣乐相当有兴趣，战争以前他曾组织了上海圣乐合唱团。在俘虏营里，他也毫不浪费时间地推广圣乐。克拉克夫人在她被严格限制带进俘虏营的一些东西里巧妙地夹入了乐谱，所以俘虏营里的合唱团在克拉克先生的指挥之下，就不缺乏教材，从圣诞颂歌到吉尔伯特与沙利文的歌剧，每一种他们都能唱。

有了这些实际经验，克拉克先生就可以很权威地讲出嗜好的价值了。他说：“我奉劝每一个人，无论男女，都要培养一种不管是被强制的或自发的嗜好，在没事做的退休状态下，嗜好可以带来许多幸福。”

为什么不鼓励你的丈夫听从克拉克先生的劝告，培养一种有益的兴趣呢？

使丈夫有了特殊的癖好以后，你还必须给他另一个珍贵的好处：要让他能够独自去做他喜爱的事，使他觉得有了真正属于自己的东西。这种情形不正是所有的人都很希望获得的好处吗？而你的丈夫同样也是一个人。

有个适婚的男人说，如果有个女人愿意陪伴他，而在他希望一个人独处时，也能够成全他让他独自去做自己喜欢的事。那么，他就会马上和这个女人结婚。

家庭主妇都有许多一人独处的时候，所以她们通常无法理解这种奇怪的男性愿望。一个被“撇下不管”的男人，并不是意味着真正的孤寂，而是说他们借此来表示从女士的需求和束缚中获得了解脱——一个自由自在主宰自我的机会——至少也享受到了自由独立的好处。

彼此拥有各自的空间，才不会让任何一方有窒息的感觉。

比如，有些丈夫一整晚离家出去打保龄球，或是和一群男孩子玩纸牌，有些则是去钓鱼，还有把自己关在车库里清理或检修车子的，或是读一本侦探小说……

不管丈夫把这些快乐的个人时间做了什么样的安排，他们都可因之获得自由独立的错觉，能够尽心促成这些事的妻子，就是天下最明智的女人了。

我从经验里了解了这件事。20年来我丈夫每个周日下午都要和他那位作家老友荷马·克罗伊共度。戴尔认为，不能因为他已经结婚，就须放弃这个乐趣，因为整个礼拜的其他时间我们都已经在一起了。

后来我终于学会了安排我自己的星期天下午。丈夫和荷马在那些下午或是在森林里散步，或是到某处闲荡，或是到平常难得去的餐馆吃一些特别的东西，或是轻轻松松地闲聊一番……完全是在享受一种自在的、轻松的乐趣。然后，他们再各自回到自己的妻子的身边和工作里头。而这些个人的“专制”，令他们感到新鲜、愉快，且获得面对新的一周的活力。

别忘了，丈夫时常想要从捆在他身上的绳子里挣脱出来。如果你能够尽力去养成他某些有趣的嗜好，并且给他们享受那种嗜好的自由，那么我们就是在创造先生的幸福了。

一个不受太太轻视与唠叨的男人，才是一个真正的幸福的男人，这样他工作一定做得更起劲，而且更有成功的希望。

## 25. 培养你自己家务以外的嗜好

做一个好伴侣的第三个方法是：妻子要有一些家务以外的自己的嗜好。

一个男人只要利用一些时间在他的兴趣嗜好上，就能够生龙活虎地重返自己的工作岗位；女人也可借着参加一些家庭以外的活动，来获得愉快的心境而再轻松地去从事自己的家事。

让你疲倦的，往往不是繁重的工作，而是厌烦和单调。许多人费了与为生活而奔忙的同样的精力去做游戏，这就是由于活动内容的改变，而使人感到新鲜有趣。

由于家庭主妇有许多独处的时间，如果能够利用家务之余从事和别人联系交往的工作，是非常有益的。例如去参加消费者讲习会或是音乐欣赏会，或是到某些慈善机构帮忙做点事，类似这样的计划，可以给女士们一些新观念，及发展其个性。

住在得克萨斯州安东尼奥城泰拉阿尔塔路 239 号的华尔特

夫人，在她小孩开始上学之后，她就到教堂的主日学校去教课。由此她发现自己很有教导小孩的天分，所以她开始去教导学校的幼儿园班。她说：“这件工作带给我许多惊喜，我以前对于家事的要求过于呆板，凡事无不严厉苛责。现在我的眼光较远大了。早上我提早一个小时起来料理家务，然后才送孩子们上学，接着我也到自己的学校去。

“我是孩子们的保姆。星期三晚上，我和丈夫及一些朋友打球。星期四晚上参加我们教会的讨论会，这给了我许多精神上的好处。其余三天是教课，一周的活动就这样排满了。这些家务之外的工作给了我意外的收获，那就是使我们晚餐的时候增加了不少乐趣。晚餐时间是一整天里，全家人唯一团聚的机会，能够有些话题在这时候拿出来讲，使我更加愉快。我曾经读过描述一个精神病患的文章，据说在他小时候，他的双亲常把餐桌当作战场来争论有关金钱、生活以及其他的事情，由于此不快记忆，使他吃东西时常会呕吐出来。我们家里有个规矩，吃饭时只许谈那些愉快的话题。晚餐就是一个联谊时间，使我们共享天伦之乐。我这个具有创造性的闲暇，在这个时候提供了我许多有趣的话题。

“这些工作也使我对事情能做更客观的价值判断。我可以无视终日困扰我的琐事，而把精神放在值得去做的事情上，譬如把我们的家变成一个休憩的安乐园，而且使每个人都感到舒服愉快。”

适当选择的工作计划，能够带给华尔特夫人这么多的好处，相信同样可以带给你这些好处。

至于哪一种工作能带给你好处，这就要由你来判断做决定了。首先想想有什么是你一向想要享有或是想要做的事。这不需要花你的钱。看看你的周遭，你将惊讶地发现许多很有价值的活动，即使在小村里也都会有。万一你真找不到你所想要的，不妨辛苦一些，把志同道合的人组织起来。

就我自己来说，我固定参加的纽约莎士比亚俱乐部的活动，就带给我许多好处。这个研究性的团体，总是讨论一些我很喜爱的题目。对于400年前世界的探索，使我对20世纪的问题有了一种新鲜的观感，而且使我除了与丈夫谈谈牛排的价格以外，多了一些新鲜的谈话数据。

我丈夫对于亚伯拉罕·林肯的人生特别有兴趣，而我则对莎士比亚格外有兴趣。我们相互学习，对于对方的偶像就有了更多的了解。我们常常讨论问题，有时候也难免论辩，但都是很愉快的。这比两人喜爱完全相同的东西有趣得多了。由于各有所好，我们便互相拓展对方的眼界，带给双方加倍的好处。

赛默尔和艾莎·克林在合写的《婚姻生活指导》一书里说道："婚后的夫妇，由于过分亲密，他们在一起做每一件事情，久而久之，往往互相的关系会变得毫无生趣。若有不同的兴趣和嗜好，则可以造成经常的变化，而有助于他们保持婚姻生活的新鲜和生趣。"

这段话等于把我的看法摘要了出来。如果你感到你的婚姻已经单调得需要加以调整，你就要找出一些你在家务以外的兴趣，并且反省自己是否做好成为丈夫最佳伴侣的心理准备了。

【摘要】如何使你的丈夫幸福

●做温柔可爱的女人。

●分享他的一些嗜好。

●鼓励他培养自己的嗜好，并给他单独享受的时间。

●培养你自己家务之外的兴趣与活动。

第七部

# 创造一个甜蜜的家庭

## 26.“只是一个家庭主妇”时……

某著名的社会学家说，女人已经不再觉得处理家务是多么有意义的事了，她们觉得即使把女性的才能发挥到极致，但对社会而言也没有什么价值。所以，当一个女人向别人说她“只是一个家庭主妇”时……总会带点为难和遗憾。

难道你不曾几百次听过女人用这种可怕的口吻来自贬一番吗？这种情形有没有使你如我一般愤怒和痛心，创造和维持一个家庭的幸福、为这个家庭抚育小孩子……世上难道还有比这样更加值得尊敬、对个人和整个社会更加重要及更具意义的工作？

“只是一个家庭主妇……”老天！这就好像在一个国际会议席上听到一个男人说：“不必为我操心，各位先生——我只不过是美国总统而已。”令人为其重要性而肃然起敬。

一个女人把全部的时间和精力都奉献给她的家庭和家人，她是值得自豪的。她所扮演的角色，比起一个女演员在一个表演季里所需的各种技艺还要多。你有没有用心想过“只是一个家庭主妇”需要具备多少才艺？我试着开些名单给你看看，她必须是：洗衣妇、厨师、裁缝师、护士长、钟点工、打杂专家、临时司机、书记兼会计、采购行家、公共关系专家、女主人、人事主管、顾问、倾诉及发泄对象、总经理、秘书……

当然，这是不够的，如果想要永葆丈夫的爱情，这位才女还要保持自己的吸引力，发挥女性的魅力。

即使再小的机关，也没有听说老板自己打扫办公室、记账和亲自打字回信的。但家庭主妇都要兼顾这些事，甚至还要更多。所以，如果我们偶尔在某些工作上出了一点小错，原是没有什么稀奇的，不必大惊小怪。

我多希望有人设立一种年度奖，颁给该年度最优秀的家庭主妇，依我看来，她发挥了比所有的电影明星、职业妇女以及社交名媛等更大的能力和才智。

家庭主妇努力的工作，究竟对丈夫的成功有多少帮助呢？我将让马尼亚·范韩与佛狄南·朗特博格博士来回答这个问题，他们是名著《女人！被忽视的性别》的作者。他们说：“研究结果很明白地指出，由于妻子的治家本领不同，使得丈夫收入的 30% ～ 60%，或者白白浪费，或者生出极大的效果。”

《生活》杂志在一期《女人进退两难的处境》特刊中估计过，如果男人要请外人到家里来做“只是一个家庭主妇”的例行工作，每年他至少要多花 10000 美元！

许多国内名人，也都是因为贤妻的帮助才获得成功的，这些妻子对于“只是一个家庭主妇”的身份，都认为非常崇高和有意义。艾森豪威尔总统夫人就是个例子。

《今日女性》杂志刊登了艾森豪威尔总统夫人一篇名为《如果我现在又当了新娘》的文章里，说出了她最崇高的信念——妻子——女人最伟大的天职。

“洗小孩子的尿布和全家人的脏衣服，是很乏味的事。每天有做不完的杂事，琐琐碎碎，像是一辈子也做不完似的，有时真是极感无趣味又无意义。特别是在丈夫带着不愉快的心情向你问道：‘今天家里有什么事？’时，你所能说的只是：‘噢，瓦斯费已经付了……’

“就在这些时刻，你一定很想到外面去找个工作，同时赚些额外的收入。一旦你战胜那个诱惑，你的生命将可以获得更多的回馈。如果你向诱惑屈服了，那么将来你必然除了一份职业以外便一无所有。到时，你将面对一个遭遗弃的家庭而追悔莫及。

“如果我现在才结婚，我还是愿意同以前那样去做个家庭主妇。我将会尽力扮演好我的角色，我会善用丈夫有限的薪水来料理家务，每天早上都看着他吃完温热的早餐，再送他出门。我要尽我最大的能力协助他达成任何野心。家庭主妇是我所热爱的天职，我会想办法尽我的能力使这个家永远和谐平安，我觉得这是我最奇妙、最有价值，虽然繁忙但有乐趣和快乐的工作。”

作为“只是一个家庭主妇”，艾森豪威尔总统夫人做得可真称职。她已经推动她的丈夫进入了这世界上最大的房子——白宫里去了。

## 27.“真高兴我回到家了。”

你的丈夫在忙碌了一天以后回到家里，你献给他的是一种怎样的气氛呢？怎么样的家庭才能使他在每个早晨都朝气蓬勃地去迎接他的工作呢？你的答案与你丈夫事业成功关系之密切，远在你的想象之上。

克里佛·R·亚当斯博士在《妇女与家庭》杂志上的专栏写道：“家庭对你的丈夫和小孩具有什么意义，完全在于你。丈夫和小孩当然也有责任，但关键还是在——你所创造出来的环境、你所培养出来的气氛，尤其是你所呈现出来的榜样。”

为了使男人有最好的工作表现，他的家庭必须供给他一些基本要素——

**第一，轻松**

不论他多么热爱工作，在他工作的时候，总不免造成某种程度的紧张。如果在他回家之后能够消除这些紧张，那么第二天他就能够精神百倍地回到他的岗位上。

每个女人都想做好主妇，但有时由于“过分的好”，反而使得丈夫无法在家里得到休憩与放松。当我小的时候，就有这么一个邻居。她不许孩子把朋友带回家，因为小孩子们可能会弄脏她一尘不染的地板。她的丈夫不可以在家里抽烟，因为怕使窗帘沾了烟味。看书或看报纸，必须准确地放回原处。算不算神经病？也许是。但是这种情况比我们所想象的要更加得多。

在全国基督教家庭生活第20届年会里，美国基督教大学精神科教授罗勃特·P·奥丁华特博士，在讲演中把母亲们对于一尘不染的洁净的愿望，描述成“是我们美国文化里最大的压迫”。

乔治·凯利所写的《克莱克的妻子》是几年前获得普利策奖的戏剧。它之所以广受欢迎，主要是由于现实里有许多像哈丽叶·克莱克的女人。哈丽叶把生活的重心放在保持她家里绝对干净上。她甚至连放错了坐垫也无法忍受。朋友们的来访并不受欢迎，因为他们会把东西弄乱。她认为她那不拘小节的正常丈夫是个捣乱分子，因为她的丈夫会破坏了辛苦创造与维护出来的完美。

当丈夫把星期天的报纸、烟屁股、眼镜盒和其他种种东西，在苦心收拾干净的客厅里随便抛置的时候，做妻子的常常都有一种去和他大吵的冲动。但是，在大骂他是个自私的莽汉之前，请先想一想，所谓家庭，原就是让他能畅畅快快地放松自我的唯一处所啊！

**第二，舒适**

由于装饰和布置家庭大多是妻子做的，因此她必须记得，舒适是男人最大的需要。精巧的桌椅、过于精致的毛织物、散置的小装饰品，也许在女人的眼里是浪漫的，但是这些东西却让一个疲倦的男人感到憎恶，因为他需要的是一个搁脚的地方，或者是放烟灰缸、报纸的地方。

你想知道男人喜欢怎样的布置方式吗？不妨研究研究单身汉房间的情形。

我们的特约医师刘易斯·C·帕克，在纽约的帕克萨斯地区 116 街 40 号工作和居住。最近他又重新装修他的办公室，那是他的家的一部分。那天我在那儿，一些在候诊室的男病人，都很羡慕他那覆盖着皮革的实心桌子、宽敞的沙发、巨大的铜灯以及笔直地下垂着没有一点褶皱的窗帘。

另一位善于布置自己房子的单身汉是华格尔·林克。他是纽泽西州标准石油公司的地质学主任。由于工作关系，他必须跑遍全球最偏远的角落，他有一家超现代的公寓在纽约沙顿地区 60 号。他利用旅行带回来的纪念品来装饰这个房子：爪哇的手工染布、刚果的木雕以及东方的象牙雕塑品。还有，他的床单是秘鲁带回来的骡马皮！他的房间明亮、宽敞、舒适，而且富有个性的趣味，实在很令人喜欢。

难怪这些不凡的家伙仍然单身，因为即使是女性，也未必能够照顾他们——像他们自己服侍自己那般舒适。

当我们布置的时候，往往会忽略了男人对于舒适的要求。

我曾在巴黎买回一些古式的可爱的小瓷器烟灰缸。而我的丈夫呢？他到廉价商店去买回好几个大型玻璃烟灰缸，把它们分别放在楼上楼下以方便使用。当客人来访，我们都使用他那便宜货。这些烟灰缸可谓物尽其用了，至于我那精致的法国美术品可就从未用过。

如果你的丈夫对于你大费周章布置好的家，似乎会带来了破坏，这很可能是因为你的安排有所不当了。他把报纸满地乱丢吗？可能茶几太小了，或是上头堆满了物品，以致他根本找不到地方放报纸。

他的烟灰到处乱弹，使得你忍无可忍吗？给他买个最大型的烟灰缸，而且要多买几个。他常常毫不介意地把脚搁在你心爱的精致的脚垫上吗？把它拿到客厅去，另外替他买个坚固的塑料脚垫吧。

他有个特定的地方好放他的相机、烟斗、收藏品、书本和报纸吗？或是他只能把这些东西放在阁楼的小角落，和其他废弃物放在一起？

使一个男人在家里感到舒适与惬意，是把他挽留在家里的最好方法！

**第三，有秩序和清洁**

大多的男人宁可住在一个整洁的帐幕里，也不愿住在凌乱不堪的华厦里。开饭不定时、吃饭的时间到了而上一餐的盘子还放在水槽里不洗、浴室里堆满杂物、卧室乱七八糟……这些景象足以把男人赶到撞球场、酒吧以及妓院去。对男人来说，除了自己的凌乱以外，他们似乎没有办法忍受任何人的杂乱无章。

我自己的丈夫就是这样——他告诉我，他曾经打消了向一个漂亮的女孩求婚的念头，只因为有一天他到她的公寓去找她，发觉她房间狼藉不堪，就像是刚遭敌军洗劫过那样。

自然，上面所说的是长期的杂乱。任何一位讲理的男人，对于偶尔发生的错失，都是能够体谅的。他会在忙碌的清扫日愉快地吃着剩菜，当我们碰到一些不寻常的问题时，他也会乐于帮忙或是为我们解决，只要这种事情不是时常发生就好。

**第四，愉快、安详的气氛**

家里气氛如何，主要是女人的责任。你丈夫的事业成就，将会受到你所创造的家庭气氛的影响。

《富比士》杂志曾做了一项有关公司职员的生活的调查，他们引述一位总经理的话说："我们能够控制一个人对于工作的情绪，但是等他一回到他的家里，这些控制就完全失效了。"

作为女人，我们不希望丈夫完全被他们的工作占据或是控制，但同时我们也希望他们在这些工作上有最好的表现。如果能创造一个愉快、安详的气氛迎接他回到家来，我们就能够同时达到这两个要求。

保罗·伯派诺博士是洛杉矶家庭关系协会会长，他认为家庭应该是使男人从业务上的麻烦里得到解脱的避难所。他说："现代商业或工业世界里的生活，并不像在户外野餐那样轻松愉快。他必须终日和对手作战。当下班铃声一响，他就渴望着安详、和谐、舒适、爱情……

“在公司里，大家都只看到了，或是千方百计要找出他错误的一面。只有在家里，有个天使看到了他最美好的一面；这位天使不会把她自己的困扰加到她先生身上，也不会替他制造一些新的负担，她恢复了他的精力，护着他的精神，在情感上使他愉快，使他在隔天早晨充满了干劲和热心地出门。

“在家里创造出那种气氛的妻子，可说是在丈夫的生活里，完全尽到妻子的责任了！”

**第五，家庭是丈夫的，也是妻子的**

让丈夫觉得在家里像个国王，而不是尊贵的女王之下唯命是从的臣子。

当家里需要换新家具，或是重新装潢时，你应该先征求他的意见以共同决定，不要只会把账单交给他而已。为了你丈夫所想要的摇椅而放弃掉你心爱的典雅沙发，也许你会感到不悦；但你应知道他对事物喜爱的程度和你是同样深的，而且，如果他对于事情有更多的决定权，家对他的意义将会更加重大。

如果他想亲自下厨做菜，不妨在星期天晚上让他在厨房里自由发挥，虽然他将留给你未清洗的堆积如山的锅子和碟子。

男人对于家庭的关心，绝不在你之下，他需要一种感觉——觉得家庭若没有他就不能圆满了。

我认识一个很善于以最少的钱来装饰屋子的女孩，所以她的房子很富有她那别出心裁的独特品味：柔和的色调，易碎的饰品，不凡的品味。可是，这个女孩子却嫁给了一个高大、多毛、烟斗不离口的男性。

而她的丈夫却对这个“仙境”，深感格格不入。他爱他的妻子，但他在自己的家里感到十分拘束，所以常常在假日同朋友去钓一整天的鱼，或是到他可以完全放松自我的森林小木屋里去过夜。这位优雅的女士抱怨着这种情形，但却无意改变那不适合先生的家庭布置。

切勿陷进庞杂单调的家务泥沼里，而忘了家务的本来目的：为我们心爱的丈夫创造出一个充满爱情的、可以放松自我的温馨避难所。

【摘要】请记得下列基本规则，以使你的丈夫成为快乐的男人

- 使家庭变成可以放松的地方迎接他回来。
- 使家庭变得舒适。
- 使家庭变得井然有序。
- 使家庭变得安详愉快。
- 使家庭是妻子的，同时也是丈夫的。

## 28.“我绝不浪费时间！”

你有没有想过，美国最忙的女士是怎样在一天 24 小时里，完成她那许多工作的？

没有一个人能说罗斯福总统夫人是个懒人。讲演、写作、国际亲善活动……每天的活动排满了她整张行事日历，即使比她年轻一倍的女人也会应付不来的。当我在纽约访问她的时候，她正好就要到另一个城市去参加民主党的集会。我问她如何去完成这么多事情，她的回答很简单明了：“我绝不浪费时间！”

她说她在报上所写的许多专栏，都是利用约会和会议之间的空当完成的。她每天工作到深夜，次晨一早就起床。

任何人都和罗斯福夫人一样，一天同样有 24 小时。但我们的 24 小时是怎么过的呢？我们“没有时间”去好好看书、参加自修课程、出席家长教师联谊会、带小孩子到动物园或是做许多我们喜欢做的或应该做的快乐和有益的事情。

保罗·伯派诺博士在他的著作《如何创造婚姻生活》中说：“家庭主妇大多自认家务多得占去了她们所有的时间。这种看法值得商榷。任何一个女人只要把她一星期内的作息详记下来，结果可能会使她大吃一惊。”

你也应该试试看，把一星期内你所做的事都一一记录下来。但你要诚实，你也许会因此很惊讶地发现，像这样的项目太多了：“10 点到 10 点 45 分：和梅贝儿在电话里谈天。”“13 点到 14 点：和隔壁邻人闲聊。”“15 点到 16 点 30 分：吃过午餐后，和哈丽叶逛街。”

这个一周行事表，将会明白地指出，你是如何浪费了你的时间。然后你可以以补足遗漏的方式，设计好你的行事计划。

纽约社会研究学校开了一个“职业妇女与服务生活”的讲座。

这个课程的教师是一名成功的职业妇女和教育家艾丽斯小姐。其目的在于帮助女士们找到她们的正确工作岗位。课程开始的时候，每个学生要做出她们一星期内的时间和工作的记录表。

“当学员们在记录表上看到她们浪费了多少时间用来打毫无意义的电话，或是多跑一趟杂货店去买原可一次购全的东西时，通常她们会大吃一惊，而开始设计一个有益的计划表。

“当我做好自己的时间和工作记录表以后，我很清楚地发现，我必须停止看这么多侦探小说；并非每个人都非如此不可；但是，很明显，我无法在欣赏太多的神秘小说的同时完成所有我预定好的工作。”

此外，24 小时里，无论在等接通电话之间、在等候公共汽车之间、在乘地下火车之间、在坐在美容院吹风机下面……难道我们不能好好利用这些时间？

有些人懂得利用这些时间。已故的哈尔兰·F·史东，是全美最高法院的首席法官，有一次他告诉一个大学毕业班同学说：“世上的许多重大事情，是利用 15 分钟的工夫来完成的，这段时间通常都会被人们浪费掉。”

约翰·基朗是个著名的地铁乘客。看到他坐在地铁里，无疑正聚精会神地看着什么书。

老罗斯福总统常常在他的桌上摊开一本书，以便能够在两次约会之间的 2 ～ 3 分钟的空当里念书。小罗斯福曾说，他的父亲在卧室放着一本诗集，为了利用换衣服的时间记熟一首诗。

我们之中有谁是和美国总统同样忙碌的？但我们却要常常叹息：“太忙了，才没有时间念书。”

我写这本书，大部分也是利用白天小孩子午睡的两小时空当写下来的。许多必须参阅的数据也是在美容院的吹风机下面看完的。我还把一本书摆在化妆台上，因为我可以利用这无法节省的每晚卸妆和涂面霜的时间看一些书。

你可以很容易地计算出你自己所浪费的时间，把这些时间重新规划——是不是一直想要学习一种外文？念一些好书？听听音乐？改善你的外表？写作、唱歌、画画、游玩？请不要说你没有时间。学习那些有作为的人，好好利用工作之间的任何空当。

我们大多读过那本奇妙的畅销书《一打比较便宜》。这是法兰克·纪伯莱家庭的故事。已故的纪伯莱是个工程师，他是动力科学研究的先驱。他和他的妻子莉莉安博士，致力于把节省时间和劳力的方法，带进商业界和工厂，同时也应用到家务的处理上。

他们共有12个小孩。这些孩子从小就被灌输一种观念，认为时间是一种天赐的礼物，必须很讲效率地利用。在他们的家，时间是从不被允许浪费的。小孩子们在早上刷牙准备上学的时候，甚至可以从他们父亲放在浴室的大字海报上，学会许多新字！

住在宾州费城洛卡斯特街1606号的沙尔瓦多·S·卡塞狄是个很有经验的顾问工程师。他的妻子也就是他的助手提娜，把她先生在事业上所使用的高效率，也应用到家务的处理上。

除了料理一般的家务，以及照顾他们3个小儿子以外，提娜还要身兼丈夫的秘书、会计、人事经理、研究助理等，同时还要参加地方社团与家长教师联谊会的工作。以下摘录她写给我的信：

我们深信为了能欣赏到美丽的花朵，就得铲除杂草。换句话说，为了能余下时间去做我们所喜欢做的事，就得先充分利用时间去做完必须做的基本工作。

除了照顾3个精力充沛的孩子，以及一个庞大的房子和花园，还有社团活动，做我丈夫的秘书，再加上宗教与社会职责，我所有的时间都必须做双倍的利用，我还要想办法作为我丈夫的耳目，找出一些他可能漏掉的文章、提醒他必须参加的集会、为他构思一些改进方案。

我曾经在洗碟子或是替小孩子温牛奶的时候，想出了许多增加营业效率的方法。我们也常利用和孩子们游戏的时间来做运动，使一家人都很快乐。

我们的工作进度表是有弹性的，并非一成不变。所以有时候我们也会把预定的事暂时搁下，先专心去做一件特定的事。

这样在一起工作，和丈夫共享各种看法，扩展了我们的视野，使得我们的生活幸福、充实且多变化。这种生活是很可能的，因为我们的目标是一样的，只要你有心达成。

提娜很懂得如何生活、如何工作以及如何把生活和工作调和进行，而获得圆满的结果。就像罗斯福夫人，她从不浪费一秒钟。

也许你已经注意到，你所认识的最忙碌的人尽管他做最多的事，但总比懒人要有更多的余裕。是谁在推动本地红十字会主席团的工作？谁负责家长教师联谊会？谁答应为教会义卖会推销入场券？她们是不是没有小孩子的打扰、雇了两个女佣、在床上早餐、每天下午打桥牌的女人？不是的！做最多事的人，似乎都是一些除了有工作忙碌的丈夫外还有3个小孩的年轻妇女。她们都是要做好自己的工作，又要在星期天到唱诗班唱歌的人！

这些女人之所以能够做完较多的事，是因为她们知道如何安排自己的时间和处理家务。她们都是对“时间”的运用最有心得的人。

是的！浪费时间是比浪费金钱更加悲惨的浪费。金钱失去了还可赚回来，但时间，是永远回不来的。

以下规则，将有助于你把珍贵的时间发挥出最大的好处：

**第一，把你每天使用时间的方式，做个诚实的反省**

这工作至少要做一个星期，看看你的时间浪费到哪里去了。

**第二，每星期为下一周做一次每天的时间规划**

为每天的工作作合理的时间安排，可以避免神经紧张、疲乏和混乱。如果这个方法适于大公司的老板，它就应该对你、对我都有好处。由于意料不到的事情，你也许需要时常改变这个工作计划，但是，把这个工作计划做原则性的预定表，将会使你的生活更有好处。

**第三，设计好省时省力的方法**

例如上杂货店，与其时常零买，不如一次批购，这就可以节省下许多时间。这种做法是最经济实惠的。预先拟好一周的菜单，是既省时又省事的做法，且在营养的考虑上，也比你每天拟菜单要更为周到。

**第四，好好利用你每天浪费掉的时间**

马上开始一个计划，去做一些你从没有时间做的有价值的事情，而且只能利用你的“休闲时间”来完成。试试这个方法，看看效果如何。

**第五，利用一分钟完成两分钟的工作**

卡塞狄太太（提娜）就这样做了。当她替小孩子温牛奶的时候，还一面替丈夫的营业做计划。当你等待着牛肉炖熟的时候，你也可以写点什么东西，或是拟个计划。带小孩在公园玩的时候，可以一面做些编织的工作，这就是利用一分钟完成两分钟的工作。

**第六，学习利用现代文明利器以替代你的筋骨劳累**

报上的商品广告，消费者调查公告，从我们喜爱的商店带回来的邮购小册、电话、美国邮政，这些都能帮你节省时间。花费一个下午去逛街，买回来的东西可以利用邮购或电话订购，这就是对时间最昂贵的浪费了。

**第七，运用高明的购物方式以节省逛街的时间**

了解货品的价值，利用特价商品的好处，大批购买某些东西……聪明的购物方法，是一种特别的技术。这种技术是你的必修课程，一旦学会了，将会把你的时间和金钱做到最大的发挥，这就使你获得许多好处了。

**第八，在工作中，要避免不必要的工作中断**

在你埋头工作时，暂时忽略掉电话和门铃。不久之后，你的朋友就学会了只在某些特定时间才打电话给你，而且他们也会因为你的讲求效率而更加尊敬你。

阿诺德·班纳特在他的著作《如何利用一天24小时》中说："时间的赐予，真是每天的奇迹……你在早晨醒来时，噢！你的荷包里就像变魔术那样充满了你生命里还没有使用的24小时！这24小时是你的。且是你最珍贵的财产。

"我们之中有谁是使用每天24小时来生活呢？这里所说的'生活'并不是指'生存'，也不是指'混混日子'……我们之中，有谁不曾在他的一生中对自己说过：'如果再多给我一点点的时间，我一定可以做得更好'？

"我们将永远得不到更多的时间，我们获得每天所赐予的是24小时。"

## 29. 当个伶俐的女人

研究女性美与仪态的权威玛格丽特·威尔逊是《你想要变成的女性》和《如何超越你的平凡》等书的作者。她是自己所倡导的原则的最出色的模范人物。她的工作非常繁重，在她第5街985号的公寓里，她要料理家事，然而当她同人会面时，还要表现出美丽、高雅和从容。

最近我丈夫和我到玛格丽特的家里，参加一个星期日的自助餐晚宴。客人共有8位，包括好几个名政治家。这是个难得的宴会，在迷人的布置下，大家都谈笑风生，非常尽兴。玛格丽特请我们吃了一顿精致的晚餐，但都看不出任何劳累的迹象。那一餐是：炸鸡，大碗鳄梨和柚子色拉，热卷面包，青豆蘑菇炖锅，自制的水果冻和甜美的水果冰淇淋。

因为不见有佣人帮忙，饭后我就问玛格丽特，如何能独自安排这么一个完美的餐宴。“很简单！”她告诉我：“所有的东西都是用简捷的方法做出来的。在客人将到之前，我就开始炸鸡，在喝鸡尾酒时，我就把炸鸡放在烤箱里保温。水果色拉是使用现成罐头作的。我使用冷冻青豆——下午煮好青豆，和蘑菇一起放进炖锅，切好干酪后，在快要上菜以前，才把这些东西一起炖好。甜点是事先把冷冻水果混合好，再放在冰淇淋上面的，就是这么简单而已。”

然而有些女人仍然相信请客需要好几个小时的烹调，要用讲究的餐具，以及特殊的照料。等到宾客到达的时候，女主人看起来很忙，仿佛早已累坏了。

1948 年在欧洲的时候，我和丈夫到一位相识的大学教授家赴宴。到达时，我们都很惊讶没有看到教授夫人。他解释说，他的太太正在监督佣人做菜。后来她终于出现了，但只是坐下来闲谈几句便又匆匆赶回厨房，因为她的心思仍然留在厨房里。

晚宴的菜自然是极出色和可口，但我从没有看过吃一餐还要这样劳神费事的。每道菜吃完以后，我们的女主人就跑回厨房里，监督下一道菜。当这种精致却不舒适的晚餐结束以后，我们都大大地松了一口气。我们都宁愿是带着这位太太到餐厅去吃这顿饭的。虽然她从来没有听说过简便的方法，但也许她听说过了，但是可能她不愿意那样做，因为欧洲的习惯一向如此。

许多奇妙的创造发明，使美国的家庭主妇省去不少手续，比如冷冻食品、罐头菜以及各种各样的家庭用品。为什么不利用这些文明的利器，使自己花费最少的时间和精力，而得到最大的效果呢？

会有很多人说，这样的味道是不会好的。到底是罐头的味道好，还是自己做起来的味道好？这并非此处讨论的重点，不过我想无论哪一个男人，对于终日过度忙碌而弄得精疲力竭的妻子，总不如对到了晚上还是顾盼生姿，神采奕奕的妻子来得喜欢吧！

研究报告指出，无法改进工作效率，是家庭主妇最大的缺点。吉尔布雷斯所研究出来的叫做“节省行动”的科学，已经使我们了解到处理家事的许多简捷方法。你有没有用 10 个步骤去完成 5 个步骤就能完成的工作？有没有使用 4 个动作，去做两个动作的工作？反省你处理日常工作的“方法”，然后看看能不能改进你的效率。最快的方法，往往就是最好的方法。

例如，做早餐的时候，如果你用一次的动作，从冰箱里把你所需要的东西一起拿出来，你就会节省时间、精力和燃料；你可不要一次拿出鸡蛋，然后再走一趟拿出奶油，最后又走一趟拿色拉……

把海绵和抹布，放在家里各个主要角落，也可节省许多时间。比如在浴室里放有海绵，每天就可以方便地擦洗瓷制的浴缸，如此就可随时保持浴室的清洁。这比之平日任其累积污秽，一个星期大洗一次，不知要省力多少！使用“随时随地清理”的方法，你就不至于在 6 天里沮丧地想着，第七天有许多清洗不完的工作等着你。如果住的是楼房，不妨把清扫用具同时放在楼上楼下。

当我的小孩还小的时候，因为家里没有地方可摆婴孩浴盆，起初我在浴室的盥洗台上替她洗澡，由于我很高，必须弯着腰身。结果我的背部痛了好久。于是，我开始在厨房水槽替她洗澡，这样一来，我便可以舒服地站着，我在水槽上替她脱衣服。水槽对小孩子来说，是更宽敞了，也便于保持清洁和卫生。甚至还有一个小喷水器，可为她冲浴呢！

许多忙碌的女人，在收拾晚餐的餐具时，就可以一面摆好次日早餐的东西。这样可以省下把盘子拿去收好，隔天清晨再拿出来的麻烦。如此也可以使早餐吃得更加从容舒适，而不至于神经紧张。

女人上街购物是最浪费时间的事，除非她知道那些“简捷方法”！

**第一，主要的日常用品要大量订购**

例如，卫生纸、纸餐巾、纸毛巾、化妆纸、肥皂、牙膏、清洁剂和防臭剂……而且可以使用邮购或电话订购。大量购买使我们享受廉价优待和专程送到府上的双重好处，这是最经济实惠的做法。

**第二，购买以前先做好计划**

例如，要买一件大衣，在你走进商店以前，就要先想好颜色、质料、样式、价钱。这样，你就可以节省时间，且也不至于买下不合己意的东西。

**第三，加入一种专为消费者调查商品的服务社**

我曾加入这种社，一年只花 6 块钱，但节约了不少时间。该服务社每月送一本商品介绍说明书，一年送一本商品目录。这些册子里面，凡是目前市上所有出售的商品，大至汽车，小至牙膏牙刷，都有列入。而且对这些商品的等级，总经过一番详密的检验——昂贵的，不一定就质量好。比如去年，根据这种检查，说是一种定价 0.45 元的洗涤剂是市上同类产品中质量最佳的。我向来所用的是定价 1 元的，但质量与这一比就差很多了，这真使我吃惊。这样一来，虽然只是这样一点节约，但我付给这服务社的钱已经大大获得补偿了。

**第四，学习笔记**

我在办公室工作的几年里，使我习惯于做笔记，那是节省时间的最好方法，除非你具有超人的记忆力，无论你要安排一个宴会、上街购物或是一年的预算，你最好养成把它写在纸上的习惯。记忆莎士比亚的十四行诗，或是你丈夫上司的名字，倒还无妨。但如果把其他毫无价值的事填入你的脑袋瓜子，岂不是增加没有必要的负担（显然我丈夫和我如果没有做笔记，就都没有办法思考了。我们在房子里的每一个抽屉，都放有小纸条和铅笔）。

这一章谈到了简捷方法，如果能激起你悉心检讨你自己的家事处理法，那么你将得到其他更多的好处。只要你留心一下，你会很快找出提高工作效率的方法；你将可以找回许多被浪费掉的时间，把它拿来用于自己的修养或对丈夫的协助上。

以下有三个步骤，可引导你减少你所不喜欢的工作：

**首先，分析你的工作方法**

估计工作所需的时间，找出在哪里浪费了不需要的时间与精力。细心地检讨你特别讨厌的杂事，很可能是你做事情的方法有问题才使得这些事情使你觉得不愉快。

**其次，研究你最不喜欢的工作能否有改进的方法**

如果你被难倒了，可以请教你的朋友们，或请教你的丈夫。因为男人对于这种“简捷方法的科学”最有心得。或者写信给报纸或妇女杂志的家庭专栏去求教。

**第三，工作上的知识不足时要设法学习**

亚历山大·G·培尔有一次向他的朋友约瑟夫·亨利抱怨说，由于缺乏电学知识以致工作很不顺利。亨利先生并不表示同情，只是对他说：“努力去学会！”

因此你切不可因为事情做不好就灰心。如果一件事情是值得做的，那就应该把它做好。一般的主妇，只要她愿意，她一定可以把基本的家事做好。甚至佣人的管理上，你也可以做得很好。

还有一点要注意：不要放弃掉你真正喜爱的工作。为了能够欣赏花朵，就得除草——但是千万不要大意得连花朵都一起拔掉了！对于你比较不喜欢的工作，要使用简捷方法——如此，你就可以节省出一段时间好让你去做你所喜欢的工作了。

有些女人从缝纫、烹煮特殊菜色或是保持家具像苹果般发亮等等工作中，得到很大的满足。不管你的特殊爱好是什么，要享受它——不要放弃掉做好一件工作的满足感。在家里使用现代效率技巧，主要的目的是要给你空间，去做你所喜欢的、有益的活动。

【摘要】如何为丈夫营造一个甜蜜的家庭

●要知道："只是一个家庭主妇"是值得自豪的。

●要使他的家庭轻松、愉快、整洁舒适，别忘了家是你的也是他的。

●把有限的时间做最有效益的运用。

●简化手续，以加速完成家务。

第八部

# 如何让全世界都支持他

## 30. 使他到处受欢迎

P·T·巴尔摩自称是“吹牛大王”——他以欺弄世人而闻名。有一次他大肆宣传他有一匹头尾倒生的怪马，参观费每人0.25元，因而吸引了一大批观众。这头怪物其实不过是一头普通的马，只不过尾巴绑在食槽这头，倒退着走路罢了。

又有一次，巴尔摩又怂恿一群好奇的家伙，去看“一只樱色猫”，原来猫是黑色的，但是依巴尔摩的解释，有些樱桃也是黑色的。

已故的福洛斯·齐格飞，是位神通广大的艺人。他不使用怪物来号召，据说，他能够把任何一位普通女子改造成倾城倾国的耀眼的美女。在演出当夜，他总会送一束华贵的花朵给他剧场里的每一位女艺人——她们像美女一般受人眷顾。

玩把戏的人，能使常见的马和猫招来观众，能把普通的女子变成维纳斯，而一位聪明的妻子，难道不想应用这样的手法让自己的丈夫广受欢迎吗？

做妻子的虽然不会有太多的机会在丈夫的业务方面有所帮助，但她可以使他在社会方面受到重视。

大多数人，不管他是兜售钮扣和鞋带，是保险外务员，是飞行员，是小商人，是大公司的董事长，只要他具有吸引人的魅力，他在工作上就会得到许多好处。

至于应该怎样做，有如下三个方法：

**首先，要使丈夫成为容易亲近的人**

数年前的一个晚上，我和我的丈夫去访问牧童歌手吉尼·奥特利。我们想利用节目的空当时间，和吉尼以及他的美丽的妻子一同去吃饭，可是被门口要求签名的青年们堵住而无法离去。时间已经不多了，但吉尼还是高高兴兴地同这些青年周旋，为他们在节目单上签名。

这时我以为他的太太一定会对这种打扰懊恼，我特地瞥了她一眼，不料被她察觉，她一边微笑，一边对我耳语说："吉尼这人是很怪的，他对谁都不说一个'不'字的。"

伊娜·奥特利不经意的说法，比起一大堆新歌迷杂志，以及出版商印行的介绍文句，更能说明她先生的天性，短短的一句话，已表明了她先生的和善、热心肠和亲切。

吉尼·奥特利当然是受欢迎的。但假如一个男人并不受人欢迎，只是因为他的妻子风度好，大家才忍受他。这个男人傲慢自大，阴沉怪僻。但是当他太太把他的不幸的童年说给我听以后，我对于他的嫌恶，就转变成同情了。原来他是个孤儿，被辗转寄养在亲戚家里，在没有人爱的环境里，他受到轻视和压制。

知道这个原因以后，我就能够谅解他的性格了。像这样的妻子，虽然不一定就会使她的丈夫受人欢迎，但至少能使人对她丈夫的缺点体谅和同情。

一个人如想成功，就更需要一个这样的妻子，使他看起来很有人情味和受欢迎。“因为他妻子是这么看他的，想必他的本性绝不会是个坏蛋吧！”这句话曾经把许多深陷危机的公司主管解救出来。

**第二，我们可以使丈夫表现出他的才华**

有些女人以为，炫耀自己就是炫耀丈夫——例如，如果可能的话，她们想穿貂皮大衣来炫耀炫耀。但是聪明的女人知道使用其他更好的方法。

有一次，一位年轻的女人来找我，要我告诉她如何才能有好口才，好加深丈夫的朋友对他的印象。当时我告诉她，与其自己说话，不如让丈夫说话，效果会更好。我费了很多的力气才说服她。其实，只管自己一直和人家谈话，而让丈夫待在屋角，是大有人在的。

在不勉强的条件下使丈夫引人注意，有个最简单的办法：如果丈夫有什么足以使人觉得有趣的特殊才能，就尽量以这为重点来发挥，虽然表现这种才能的机会，在服务机关里是不会太多的，但在社交舞会上倒可以大大表现一番。

现在，举几个例子——

卡蒙隆·西普，是以艺人传记闻名的作家。他极富机智，也善于交友。他的太太招待客人时，大抵都是在院子里吃饭的，于是卡蒙隆就常常做他拿手的牛排给客人吃，或是说些即兴的笑话给客人听。

住在纽约勃尔克林的约瑟夫·弗里司博士，是一位有名的小儿科医生，同时也是天才业余魔术师。他在招待客人时，常常表演魔术。约瑟夫自己担任主角，他的太太马琳当助手，有时两个孩子也会助阵。

这些人好在都有这样的妻子，为了使他人的眼光集中在她丈夫的身上，而甘心自己退到后台。这样的妻子，是把自己隐在后面而把丈夫推到人前的人。这比起他们两人同时要表现出各自的优点来，更有助于家庭的幸福与美满。

**第三，我们可以改造话题，使丈夫表现出最大的优点**

在业务上受人器重，而到了社交场合却哑口无言的人比比皆是。因为他成天埋首于事业，没有谈天的经验，也不知道应该从何说起。一个机灵的妻子，真是这种男人的最好的朋友了。她能够很轻易地引导自己的丈夫参加谈话，使丈夫毫无困难地接话：“那使我想起了上个星期吉姆和一个顾客所谈的事了。他告诉你什么事呢，吉姆？”这是一句上好的开场白，可以使吉姆毫无困难地接下去。

即使最害羞的人，一旦谈起他最感兴趣的事，就不会再畏缩了。

有位年轻女士告诉我，她如何把她的丈夫从缩在墙角变成活跃于社交场的人：

华德一向热心，是个会受人喜欢的人。但是，只有那些亲近的朋友才知道。因他的外表看起来冷漠而毫无热情。我希望人们能喜欢和重视他。

如果提醒他注意这种情况，只会使他更加难过而已。所以我想出了一个方法，要在他不知情的状况下帮他。因为摄影是华德的嗜好，有这种同好的人倒也不少，因此无论走到哪儿，我就把这样的人介绍给他。

他也由于谈论共同的嗜好，就自然而然地把自己的优点流露出来。这样一来，就能渐渐引出摄影以外的话题了。之后凡是要遇到陌生人，首先我都给他一些谈话的预备数据，比如说，史密斯夫妇是刚从波特兰迁到这里来的，他是木材商等等。

经过我这样的一番努力，他的积极面就完全表露了。他现在很乐于参加聚会及结识陌生人了。他的亲属都认为这是一个奇迹，我也因为被赞誉——你的丈夫真是一个好人——而感荣耀与幸福。

我认识一位推销保险的人，他对于枪炮的研究很有兴趣，所以对于这一方面有着丰富而可贵的知识。可是由于他的太太只会对人家说一些平平凡凡的话，他这一方面的优点就几乎没有人知道了。

【摘要】如果身为妻子懂得这三个使丈夫广受欢迎的方法，并加以实行，这人就不知会有多么幸福了！

●要使丈夫成为容易亲近的人。

●要使丈夫表现出才华。

●要使丈夫显示出优点。

## 31. 扬其长，补其短

别人对你丈夫的印象，往往反映自你对丈夫的态度。

最近我打电话给本地一家商店询问有关电气冷却系统的事。经销商的妻子接了我的电话，告诉我一些我想知道的事情。接着她说："对于冷却系统，我的丈夫是个真正的专家，如果你需要他到府上来，他就可以向你推荐一种你所需要的送风机型式。我只略知一二，他却全盘了解。"

当这位男士到我的家里来勘查的时候，我早就因为她妻子而对他也十分信服了——他所需要做的只是来看看，交易就完成了。

这整件事说明一个事实：没有一个宣传员，会胜过一个伶俐的妻子。

道西・狄克斯说过："我们时常觉得我们之所以会认为约翰先生是个大人物，认为史密斯是个优秀的医师，都是由于他们的妻子这样告诉我们的缘故。”

人都有这样一种倾向：人家说他的性格是这样的，他的行为就真的是这样了。如果对一个小孩子说他不中用，他就会比从前更加迟钝；如果赞美他很规矩，他将会更加规矩。和大人相处时也一样，当你把他当作成功者来看待时，那么他就会在无意间表现出创造成功的能力。

专业人员的妻子，似乎特别善于替她们丈夫的才华，创造出令人深刻的有利印象。她们曾委屈地说：“这次的舞会，我们本来是很想参加的，可是我们的威廉，今天刚好接受了这次有名的詹姆斯商行的诉讼案件……”或是装作没事地说：“下星期这里要举行医师协会，鲍伯在会上演讲。他实在太忙了，连和我在一起的时间都没有呢……”

这样的女人，在这样的情形下，会用自己的几句简单语言，使他人深信她那才华横溢的丈夫的工作地方，不知有多少病人或是诉讼者在引颈企盼着他，使得她的丈夫非由她用球棒追回来就根本无法喘一口气。

谦逊的男人是不会自夸的，而由妻子来吹嘘，只要不致技巧过于拙劣，是无伤大雅的。

有一次，我在一个舞会上遇到我平素最欣赏的演员安东尼·甘勃特夫妇。对于安东尼，我只在戏剧、电影、电视上看过他，此外就没有什么特别印象。他的妻子竟把他年轻时代的故事告诉我，比如他当年曾在伦敦老维多利亚戏院的事，曾和很多名伶合演莎士比亚戏剧的事等等，听了之后，我非常感激她。因为有关这些我所欣赏的人的故事，是很难得听到的。同时我也对这位艺人的才华怀着更高的敬意。

女舞者莫莎琳·罗琴嫁给舞星罗曼·亚辛斯基。大约一年前，他们夫妇组了一个歌舞团，巡回各地公演。我从来就认识莫莎琳的，有一次，我问她对于旅行公演的感想，她这样回答：

“好极了。正如你所知道的，我的丈夫是常常想经营一个公司的。我想他的这一理想将来一定会实现。他不只跳舞，同时还要兼任导演与舞团的管理工作；他现在做得可真好。”

许多杰出的演艺人员都不善于经营业务，现在他的妻子说他拥有这种才干，无形中就在他的名气上头，又增加了不少光彩。

由此可知，妻子高明的宣传对于一个经营事业的男人是何其重要！在芝加哥青商会的集会里，芝加哥律师协会会长柯西曼·毕沙尔告诉会员们，不可以低估太太在帮助自己的成功上所具有的能力。他这样忠告在座的未来董事们：“好好地巴结你的妻子。她可能是你最忠心的推销员，只要她做得并不过火。用你所无法学得的高明手段很得体地夸奖你。”

真的！而且，除了能够使别人注意到她丈夫的长处，她还可以把丈夫的缺点减到最低的程度。

任何人都有自己的缺点。贝多芬是个聋子、拜伦是个跛子、拿破仑害怕当众说话，甚至连勇猛无比的阿基利斯，也有他的致命处——所谓“阿基利斯之踵”。

问题是，女人的缺点，只会影响到她在家庭和社交上的声望；而男人的缺点就往往会使他一生处于不利的地位。

比如以记住人的名字和脸来说，几乎每一位社会人士都知道那是非常要紧的，但同时他们又都说这也是非常困难的。

做妻子的，与其责难丈夫记忆力差劲，不如由自己来记住他人的名字，好在丈夫想不起而茫然失措时，给他一个适时的帮助。

我的丈夫，也和一般大忙人一样，老是会忘掉他人的名字。因而我们共同研究出一个补救的办法。当我们要和一大群人会面时，由我预先记住其中一些人的名字，再训练丈夫记住。方法是：我尽量在谈话中再三重复说这人的名字，让丈夫听到。比如这样说："嗳，你还记得鲁宾逊夫人吗？她曾对我说过雷·路易斯的事。最近你去过鲁宾逊夫人那儿吗？"

这虽是小技，但能把丈夫从窘困中解救出来。如果要这样做，自然就得自己能尽量做到一听到他人的名字就过耳不忘。因为我比丈夫有时间，所以这也不难做到。只要想这样做又能加以练习，任何一位妻子，都能做丈夫最得力的记忆助手。

做妻子的，只要留心及此，即使她的丈夫没有受过相当的教育和训练，她也能改造他。有不少的大人物，由于在他年轻时得到有学养的贤妻的协助，终于获得成功。据说，约翰逊总统是在结婚之后，才由他的妻子教他读书和写字。

现代人往往由于过分投入专门性的研究而无暇关心其他。这样的人如果有一位在朋辈中一打开文学、音乐之类的话题也能应对如流的妻子，将是多么的幸运！

固然，人能越谦逊越好，不过一旦流于自卑，就会有使人信以为真而把他当作一个毫不足取的人的危险。

如果想要避免这样的危险，可以实行以下三点：

第一，提醒他过去曾经做过的成功的事情。

第二，利用机会尽量向他发问，让他能尽量发表己见。

第三，多和能够欣赏与激励他的朋友交往。

虽然你的丈夫所带给他人的印象，并不就正确地代表了他的内在价值。但是，这个印象的确也决定了别人对他的看法。所以，你有义务帮助他给人良好的印象。

【摘要】如何使全世界都支持他

●要使丈夫成为最容易亲近的人，要使丈夫表现出才能和优点。

●做丈夫最好的宣传员，发扬丈夫的长处以弥补他的短处。

第九部

# 人生的两大目标：健康和财富

## 32. 如何在丈夫的收入范围内生活

对于金钱，在小说情节里有一种容易赚取，毫不在乎的乐天哲学，曾给了我们许多有趣的笑料。在《你无法把钱带在身边》里，那位绝不相信所谓所得税，而且抵死不肯缴付的老绅士，令我们捧腹不已。戴维·柯博菲尔德的年轻新娘多拉，当她丈夫想要教她按照收入来预计开销的时候，多拉就撅起嘴撒娇，她也令我们啼笑皆非。我们也喜爱《与父亲一起生活》里所描写的母亲节。为了母亲把家庭预算弄得一团糟而无法避免的每个月的争战里，父亲在母亲节那天却表现了最好的风度。狄更斯笔下浪漫成性的麦考柏先生，也是文学上最令人发噱的角色之一。

固然，在小说里，迷人和不负责任常常会同时并存在一个角色身上。但在现实生活里，再没有其他事情会比金钱上的挥霍无度更加伤感情的了。入不敷出的人并不有趣——他是个粗心的冒险家。脑筋糊涂、奢侈浪费的妻子，也并不迷人——她只是个纠缠在丈夫脖子上的重担。

比起10年前甚至5年前，现在我们所使用的钱实在太不经花用。对着一个不成比例的挑战，你必须好好利用那些钱。物价膨胀了——生活水平提高——我们的孩子所需要的教育费用，变得更加复杂和昂贵。

大家都认为“只要有钱，就什么问题也没有了”。这是一个普遍存在的错误观念。专家们早已指出其谬误。艾尔西·史泰普来敦曾经担任华纳莫克和吉姆贝尔百货公司职员和顾客的财务顾问，他认为对大部分人来说，收入增加只是造成花费增加而已。

加拿大蒙特娄银行奉劝存户，当你的收入增加时，要注意得法地使用它。

我在为本书收集资料时，曾看了一本有名的心理学家有关家庭问题的著作。这是一本好书，可惜有一缺点，就是该作者对于家计方面并不内行，他甚至说：“处理家计是很简单的，有钱时就多花，没钱时就少花嘛！”

理论上似乎是很简单，但实际处理起来不是这样简单的。作者这样的话，真会叫我们联想起前述的小说里那些只知浪费金钱的可笑的人物。

毫无节制地花费，意思是说每个人，包括肉店、面包商和烛台制造商，都可以来分享你的收入——除了你本身以外的每个人。

相反，有计划的，或是有预算的花费，可以保证你和你的家人，能够从你的收入里得到公平的分享。

预算并不是一件束缚行动的紧身衣，也不是毫无意义地把用掉的每分钱都一一做记录。预算是一种设计、一项规划，用以帮助你对收入作最大效益的使用。正确的预算方式，将会告诉你如何才能达成你的目标——富裕的家庭、子女能受高等教育、自己有养老金……

预算开销的计划表格将会告诉你，你可以删减哪些比较不重要的项目，去填补你必要的开支。

如果你一向没做过预算，你就应该马上开始学习如何处理家庭财务。你能够帮助丈夫成功的一个最重要的方法，就是要知道如何使他的收入达到最大的利用价值。如果他很会开源但不懂得节流，你就可以帮他看紧荷包。如果他本来就节俭，你可以采取和他一致的用钱态度以增加他的信心。

如何才能使你自己成为家庭财务专家？你家附近的银行里可能有“家计预算咨询服务”，他们将会告诉你如何做好一个预算计划，以适应你特殊的需要和收入。你得好好利用。

伊利诺伊州芝加哥市北密歇根街919号，家政协会的消费者教育组，印行了一些精美的家计簿，谈到家庭财务管理，包括预算。这些小册子每本售价10分，但它可能节省你这个价格的N倍金钱，如果你能够从善如流、善加利用。

设在纽约市东38街22号的公益委员会，也供应许多精美的小册子，每本20分钱或是长期订阅也可以。内容包括："女人和她们的金钱""如何投保人寿保险"以及"消费者的赊账"等等，对于想要处理好家庭财务的女士来说，这些信息将令她们深感兴趣。

《妇女时代》杂志也是这类知识的最佳来源。它会告诉你，如何改制旧衣服、如何调理出既营养又价格低廉的小菜，甚至还告诉你如何制造自己的家具。

你不能依赖在无意中发现的任何一种已经印好的预算计划表。它必须是专门为你拟订的，不见得也适合于其他任何人，因为没有其他的家庭会和你的家完全相同。你的经济问题就像你的脸孔和身材一样，是独特的而不同于他人的。

以下有些原则，可以帮助你完成你自己的家庭预算计划：

**第一，记录每一笔开销，使你明了你应如何使用你的收入**

除非知道错处，否则我们永远无法改善任何情况。如果我们不知道在何处删减、为什么要删减以及删减什么，就无法谈节省。所以我劝你应该在一段试验期间，记录下所有的家庭开销——以3个月为试验期间。

亚诺德·白尼特和约翰·洛克斐勒都是手不离账册的记账专家。我当然也是见贤思齐。虽然我都以支票的方式付款，但仍然喜欢把我的花费作成明细表。年终再总结算一次，于是我就能够很精确地告诉你，这一年我们在食物方面花了多少钱，以及燃料费、水电费、娱乐费等。我还可以借此探讨我家生活费增加的来由。

等到你知道钱都花到哪里去以后，本可不再这么做，但我很喜欢手边随时保有这种数据。例如，当我怀疑我是否花太多钱在买衣服上时，只要瞥一眼记录表，我就知道真相了。

我认识一对夫妇，当他们开始登录开销情形以后，很惊讶地发现他们每个月花了近 70 元去买酒！然而，他们并不是酒鬼，只不过是一对热情的主人。他们很欢迎自己的朋友在兴致好的时候，就“到家里来喝一杯”——这种事情不时发生。终于，他们做了一个明智的决定，认为不能再开免费酒吧了，于是，那 70 元就得到了更好的用途。

**第二，依照你家庭特殊的情形，拟出你自己的预算**

首先你把这一年里固定的支出项目列出来：房租、食物预算、利息、水电费、保险金。然后计划你其他的必要支出——服装费、医药费、教育费、交通费、交际费等等。如你所知，这是不容易的事情。你必须有坚定的决心、家庭的合作、有时还要有严格的自制力。我们无法买下每一件想要的东西，但我们可牺牲掉最不重要的东西以获取最重要的东西。你愿意以放弃掉昂贵的衣服来换取家庭的幸福吗？你宁愿自己洗衣服，以节省下来的钱买一台电视机吗？显然，这些决定必须由你自己和你的家庭来做决定。所以现成的预算表，对于你个人的需要是没有帮助的。

**第三，至少要把每年收入的 10% 储蓄起来**

规定“自己”（亦即你的“家庭”）一个定额开销——至少要把 10% 的收入储蓄起来，或拿去投资，或拿来做特殊用途。

专家说过，如果你能节省你丈夫收入的10%，即使物价高昂，不到几年你也可以获得经济上的舒适。

我认识一个女人，她嫁给一个顽固而节俭的新英格兰人。她的丈夫宁愿在中央车站广场脱光了衣服，也不愿放弃节省10%薪水的计划。这位太太告诉我，在经济不景气那几年，他们可真吃足了苦头，她先生的薪水被“缩水”得太多了，在买日用品的时候，必须精打细算节省每一毛钱，她丈夫每天要步行20条街，以省下公共汽车费。但是，节省10%薪水的老习惯，仍然不曾放弃。她说：

“当我们非常需要钱用的时候，我真是恨透了这个计划。可是现在我却要感谢它。因为借着它，我们才有了自己的房子，而我们的生活也才不虞匮乏。”

**第四，预备不时之需**

许多专家奉劝年轻夫妇说，至少要存有1～3个月的收入，以备不时之需。但是，这些专家警告说“欲速则不达”，过分勉强的储蓄反而存不了钱。与其断断续续地隔几周才一次存5元，倒不如每周固定地存下2.5元，效果会更好。

**第五，实行预算要全家合作**

据专家们说：所谓预算，必须由全家人合作，并时时谋求改进。因为对钱的态度是由于这人的经验、气质和教育程度而各有不同的，所以如果能常常集合全家人研讨预算，可使由对钱的看法不同而产生的感情上的相左获得解除。

**第六，要对人寿保险的事加以研究**

玛莉·史蒂芬·艾巴莉，是人寿保险协会妇女组主任。对全国的女士来说，她所说的话就是人寿保险专家的看法，深具权威性。当我访问艾巴莉女士的时候，她建议当妻子的人应该自问以下这些问题——

你可知道，人寿保险对你的家庭有什么重要性？你可知道一次付款和分期付款有何不同？你可知道在付款的方法上你有很多不同的选择？你可知道现代人寿保险具有双重目的：如果保险人不幸早逝，人寿保险就成了他的家属的保障；如果他活着要享受余年，人寿保险就可以供给他独立的基金。

这些问题对于你的家庭非常重要。只让你的丈夫知道这些还是不够的，你也应该知道这些答案。假定有一天也许你变成了寡妇，由于你具有人寿保险的知识，你就可以解除你的困难和忧虑。

贾德森和玛丽·南狄斯，在他们合写的《创造成功的婚姻》一书中告诉我们，家庭收入的支配，往往是婚姻生活里，必须常常沟通的重要问题之一。

固然，金钱并非万能；但如果知道如何高明地处理我们的金钱，就可以带给我们丈夫和家庭更多心境的安宁，这也是幸福的泉源。

所以，你不可再幻想着吉姆能够像那个《无缘的人》那样带回来一个大薪水袋，这只会浪费你的时间。你的工作就是使自己变成财务能手，好好处理吉姆赚回来的每一分钱，如果激励他赚更多的话。

【摘要】那么你应该如何来实行呢？可依照如下 6 个原则去做：

- 登记所有的支出，借以明了你在如何使用收入。
- 拟订一年中的预算表。
- 抽出全部收入的 10% 来储蓄。
- 要准备一笔不时之需。
- 实行预算要全家合作。
- 对保险的事要加以研究。

## 33. 他的生命掌握在你手中

你是否想知道如何谋杀丈夫而毫不露痕迹的方法？这不需要用氰酸钾、铁锤或者手枪那样麻烦的东西，只要用油腻高淀粉的食物把他塞满，使他过肥到15%～25%就可以了。这样一来，你就可以叉起腰来等待做一个寡妇，因为迟早会有这么一天的。

专家说，五十多岁就辞世的男性，比女性要多70%～80%。

专家们都指责这是由于妻子的缘故。

请先听一听梅特·浦利顿人寿保险公司的路易斯·达布尔博士的说法。他发表在《生活与人生》的那篇《停止谋杀你的丈夫》的文章里说："40年来，我做一家人寿保险公司的统计工作，所得到的结论是，许多男人在年限未到以前就死了，如果他们的妻子能够更加严谨地尽到自己的职责，照料她们的丈夫，这些男人也许就可挽回生命了。"

他曾研究过超重和死亡率的关系，在这方面，他是全国最具权威的人士之一。

赫伯特·柏拉克是纽约市西奈山医院新陈代谢疾病的医师。在《现代妇女》刊载的那篇《为什么丈夫们死得那么早》的文章里，他告诉我们："你能为维护丈夫健康而努力，就真的能延长他的生命……现在，你的手里已经掌握了一种可以延长你丈夫生命的能力。"

许多生活在半饥饿状态的苦力劳工，都会比你丈夫活得更久——如果你的丈夫超重的话。在俄亥俄州克里夫兰最近的一次医学会里，《减肥与保持身材》的作者诺曼·乔利菲博士，把肥胖称为"美国公共卫生最大的一个问题"。

美国科学促进协会在圣路易召开的一次会议里，一位教授说："战争固然可怕，但死于枪剑下的人，远不及死于餐桌旁的人来得多。"

无可否认，我们对于丈夫的腰围是该负责任的。一个男人所吃的，就是他太太摆在他面前的食物。妻子的菜煮得越好，丈夫的腰围就越粗。拒绝妻子端出的那些精制的食物，未免太不领情了。难怪当年亚当也会为自己辩解说："这个女人诱惑我，所以我就吃了。"

大多数人在年岁增加以后，由于不常运动，所以所需的热量就更少了，但是，我们却吃得更多。提早养成良好的饮食习惯，以维护丈夫健康，是我们的职责。

热量低而能产生高能量的就是最好的食物。如果你不知道这种方法，就去请教医师。他将欣然告诉你如何安排你丈夫的饮食以减轻他的体重，并使他精力充沛。

F·E·怀海德博士，是面粉协会的营养专家，他说要减肥首先就不要吃脂肪太多的东西，一天三餐应该根据体力消耗情形，每天都吃得适量。他还劝告我们，动物性和植物性蛋白质的摄取要取得均衡。

注意你丈夫吃饭时，不要让他慌张和紧张。因为闹钟一响就爬起来，一边下楼一边吃早餐，公文包一夹就冲出门去的人多得很哩！

巴尔的摩精神学院的精神科主任罗勃特·V·沙利格博士警告我们："早餐狼吞虎咽，冲出门赶 7 点 50 分的电车，然后开始工作，中午吃 15 分钟的快餐，或是一边开业务会议，一边吃午餐，这种情形，对于生活在现代社会的一般男人，真是司空见惯。"

如果需要的话，你们应该早一点起床，至少也要使你丈夫吃一顿不慌不忙的营养早餐。我有个朋友就是这样，结果情形很令人满意。她就是住在纽约裘加登斯第 118 街 83 号的克拉克·布里森夫人。她的丈夫是纽约一家最老的不动产代理商毕斯和艾利曼公司的财务主任兼副总经理。

布里森先生常把整个公文包的文件带回家处理；由于过度疲乏，以致他无法在晚上把这工作处理好。碰到这种情形，他的妻子就建议他们早一点睡觉，隔天早晨提前一个小时起床。他们两个都很满意这种安排，所以他们现在每天都这么做，不管布里森先生有没有"家庭作业"需要处理。

布里森太太说：“那多出来的一个小时，是我们每天的礼物。我们首先享受一顿舒适的、不慌不忙的早餐，然后，如果克拉克有工作要做的话，他就趁这个时候轻松地把它做好。这段时间没有电话也没有门铃打扰。有时候我只是看看书，放松心情，做做家里的琐事或画画，画水彩画是他的嗜好。有时我们也到公园里，享受享受清晨漫步。由于我们每天都有了安静舒适的早晨，以致不管这天会发生什么问题，我们都可应付自如。当然，对于晚睡的人来说，这个方法就行不通了，因此我们都睡得很早。”

如果你也是在早上开始一天的工作时，就觉得慌忙和紧张的人，那么，也许这个额外的一小时计划，对你会有好处，你何妨一试呢！

如果你想使你的丈夫健康长寿，请你遵循以下这些原则：

**第一，注意他的体重，一如注意自己的体重那般细心周到**

写信给任何一家保险公司，向他们要一张体重和寿命的对照表。量一量你丈夫的体重，看看他有没有超重10%。如果他超出了，就请医师替他开一张菜单。

千万不可让他自行减肥，或是服用广告上夸大其词的减肥药！在使用任何减肥方法以前，一定要去请示你的医师。

为了配合医师的处方，要尽你的能力把给丈夫吃的食物做得美味可口。切不可老是无奈地告诉他：“为了你的健康，请你吃这个。”而不注意好好地做菜。你必须把医生所指定的食物，做得色香味俱全。

**第二，坚持要他做一年一次的内科、齿科和眼科的健康检查**

预防仍是治病的最好方法。那些死于心脏病、癌症、肺结核和糖尿病的人，如果能够早期发现，就可以挽回一命了。

据美国糖尿病协会的统计，在美国确知患有糖尿病者多达200万人，而且至少还有100万以上的人患有糖尿病，但是他们自己并不知道。

许多人关心自己的汽车远胜于关心自己的身体，虽然可悲，但确是真的。所以，你一定要注意你的丈夫，让他接受定期的健康检查。

**第三，不要使他操劳过度**

野心过人虽然能帮助他成功，但同时也容易使他无法活得长久，以致等不及享受成功的果实。所以，如果升职必须承受很大的压力，你就宁可让他放弃。

纽约马伯尔协同教会的牧师诺曼·文森·皮尔博士，在印第安纳波里斯对一群听众演讲时说，现代的美国人，很可能是有史以来最神经质的一代。他说：

“爱尔兰人的守护神是圣·派翠伊克；英国人的守护神是圣·乔治；而美国人的守护神却是圣·维达斯。美国人的生活太紧张，即使要他们在听道以后能够平静地睡去，也是不可能的。”

所以，你应该宁可让你的丈夫少赚一些钱，如果赚大钱的代价是不幸或早死的话。如果他给自己的压力太重了，你应该鼓励他满足于既有的成就。一个女人的态度，可以决定一个男人拼命到何种程度。

**第四，要注意使他获得充分的休息**

抗拒疲乏的秘诀，在于能在疲倦以前就预先休息。就是短暂的放松，也会有惊人的效果。如果你的丈夫每天回家吃午餐，在他回去工作以前，让他躺下休息 10 ～ 15 分钟。

鼓励他在晚餐以前小睡一下，这或许可以使他多享受几年快乐时光。

美国有军队每行军 1 小时就要休息 10 分钟的规定。作家毛姆到了七十多岁，仍然精力充沛地工作。他说这得力于每天午餐后的 15 分钟小睡。丘吉尔吃过午饭后，也要在床上休息 1 ～ 2 个钟头。朱利安 • 戴蒙到了八十多岁，还在纽约塔利顿一家全世界最好的苗圃里，很有活力地工作。他老先生每天下午都要睡长时间的午觉；他说，午觉使你蓄满了精力。

**第五，让他拥有一个快乐的家**

一个唠叨的、喜爱牢骚的妻子，是男人成功的一种障碍，因为这样的女人只会使丈夫不幸，打扰丈夫的工作情绪，也是丈夫健康上的一大威胁。

一个不幸的、忧虑的或是满腹怒气的男人，是很容易“突然间躺下去”的。因他的内心过于紧张，他的反射作用就失常。他很可能会被车子撞倒，或者在公路上把自己和旁人撞得粉碎，或是在工厂里被机器轧伤。

他也很可能会暴饮暴食。康乃尔大学的哈利 • 古德博士说：“人们在不快乐的时候，或是想从压抑及紧张中解脱出来时，通常会大吃大喝一顿。”

为了使人生成功，就必须具有经得起为成功而努力的健康。不管是否愿意，我们做妻子的，对先生的健康是必须负责的。“我这生命在你的掌握中”——可说是一切已婚男性的主题歌。

【摘要】如何保卫丈夫的健康和财富

●原则一：在丈夫的收入范围里过活。

●原则二：维护丈夫的健康，一如维护你自己的健康。不要忘了！

1. 注意他的体重。

2. 使他接受定期的健康检查。

3. 防止他操劳过度。

4. 让他获得充分的休息。

5. 使家庭生活愉快。

第十部

# 你是全世界最棒的人

## 34. 让我们增加爱情的深度

“觉得没有人爱他，是少年犯罪的主要原因之一。”这是纽约市立少年家庭董事会秘书，社会工作专家艾西尔·怀斯先生，在麻州社会工作讨论会上所说的话。

我和丈夫深以为然。因为我们曾经在俄克拉何马州爱尔·雷诺的国立少年感化院，面对少年们讲授有关人际关系的课程。

“渴望爱！”似乎是所有这些不幸的男孩的共同问题。有个少年说，他的母亲从来不给他回信，后来他写信告诉他母亲说他正在参加讲习会，这课程使他觉得已经把自己改变成一个好孩子了。不久他母亲就回信给他，却说她不以为他能变得多好，而监狱是他最适合去的地方！

而另一个 19 岁的男孩汤米，他的生命里有 10 年以上的时间流转于孤儿院、监狱和感化院。他说：“我们最需要的，就是有人爱我们。但是从来就没有人爱我或要我。在我 16 岁以前，从没有收到过一件圣诞礼物。”

无疑，这些爱饥渴的孩子们，常常会转而犯罪，用以补偿这种基本的缺陷，就像一个饿昏了的人，当他找不到好食物的时候，只好饥不择食，即使是有害的也抓来吃。

爱是一种最适当的食粮，我们的精神靠着它生存和成长；如果没有爱，我们的道德心就会扭曲变质。心理学家高登·沃尔说：

“一个普通人所能说的最真确的话就是，他从来不曾感觉到，他的爱或是别人给他的爱，已经很足够了。”

真的，爱在人类社会里的潜力，并不逊于原子能。爱情能够产生，而且的确每天都发挥着奇迹。你给丈夫的爱，是成功的主要因素，因为如果你真心爱他，你就会心甘情愿地尽你的能力去做每一件事，使他幸福和成功。

你对丈夫的爱情，也会影响到你孩子的幸福。美国的家庭关系协会会长保罗·伯派诺博士，在美国教师家长联谊会上说：“教师家长联谊会如果愿意在年会里，完全不谈小孩子的事情，而把会程用来讨论如何使丈夫和妻子更加恩爱，这对于小孩子的幸福，也许贡献更大呢！”

那么，我们要怎么做，才能加深爱情呢？以下有一些建议：

**第一，每天都要显示你的爱情**

最可悲的事，就是在事后才发觉自己曾经享受过人生最贵重的赐予。我的丈夫曾经接到一封老友的未亡人写来的信。信中她提到：“吉姆再没机会知道我是多么的爱他、需要他了！”

到了现在，吉姆是永远不会知道了，因为那些失去的岁月，是永远不会再回来了！

这个例子特殊吗？可惜得很，不是的。在1500对以上已婚夫妇的研究里，路易斯·特尔曼博士和他的研究伙伴发现，男人认为造成婚姻不幸的最普遍原因之中，妻子不知道表现爱情是第二大原因，仅次于妻子的唠叨啰嗦。

许多女人碰到危机的时候，都能够高明地应付自如，可惜另一方面，她却笨拙到不知道给丈夫最渴望的幸福的食粮——爱情。即使丈夫失业了、患了重病或是被关进监狱里，这位小女士都能够坚忍不屈地不断地帮助丈夫。但是，一旦生活风平浪静时，妻子就忙得忘了告诉自己的丈夫，他在自己的生命中是何等的重要！

你难道能接受这种说法吗——据说女人是为了安全感、想拥有小孩、拥有自己的家或是避免当个老处女而结婚，至于男人则有90%是单纯地为恋爱而结婚的。

大部分的女人都相信，她们是应该被爱护的，听人讲些甜言蜜语的。依我的经验，我同意这个说法：通常，抱怨自己的丈夫忽略她们、不知道赞扬她们的女人，一定是自己吝于赞赏和示爱的人。她们时常挑剔和批评。

她们正是威廉·柏林吉尔博士所描述的那种神经质的女人："这些人由于太爱自己了，以致愿意分给别人的爱实在太少了。"反过来说，最能够体贴地表现深情的女人，她们也能从丈夫那里得到最多的关注和爱心。

婚姻问题研究的权威德洛西·狄克斯说："妻子们总是抱怨她们的丈夫对自己视若无睹，他们从来就不赞美她们，或注意到她们身上所穿的衣服，或是对她有任何爱的表示。此后，这些女人也是同样冷淡地对待她们的丈夫，然后，她们才很奇怪为什么自己的丈夫，会追求那些懂得赞美他们英俊、迷人、体贴的女人。爱情的渴求并不是女性的专利。男人也同样需要。"

有些女人利用男人这种渴求爱情的弱点，故意抑制对丈夫的爱心，用以获得她们想要的东西。在马里兰高等法院有个案例：一个女人要丈夫给她所希望的金钱，否则就不和他说话。法院判这女人败诉，因为爱情是不能订出价钱的。

曾经有人把夫妻间表现爱情的缺乏，叫做"精神食粮匮乏"。这是一个很适切的比喻。因为，男人不是只靠面包就能活下去；有时候，他也需要一块爱的蛋糕——还要在上面加一点蜜糖！

**第二，培养一种豁达的好心情**

有责任心的妻子，常常会患有一种完美主义者的毛病。孩子们的行为总是要管教好、晚餐要做得美味可口、家里要一尘不染……完美主义常常过于重视细节，反而忽略了重要的大事。

以下是乔治·吉恩·拉赛所说的话，虽不免夸张，但也不无道理。他说：

"我从经验里发现：爱情和整理完美的家务，常常是无法并存的。当一个家庭整理得太无懈可击时，通常我会感觉到，而且接着就发现，他们夫妇间的爱情，就像他们机械化地整理家庭那样，已经到了冰冷的僵化程度了。温馨的爱情，以及随之而来的幸福，总会造成不注意和脏乱，至少在某种程度上会是如此。不幸，从来没有一个热烈地爱着丈夫的女人，能够做个完美的家庭主妇。”

听了这番话，我们很容易就知道拉赛先生是个单身汉，但是他所说的话是值得深思的，尤其是对于那些容易注视着树木，却反而忽略掉整座森林的妻子们。

**第三，要有宽大的胸怀**

没有任何事情会比互相深爱的人结婚更迷人。爱情就是给予，要给得丰富大方，有些妻子愿意在许多事情上面牺牲，但却常常在许多小地方，显示出她的小气——例如，嫉妒他旧日的女友。

如果你的丈夫无意间提及，他今天碰见了一个过去的女友，而你如果问他，那个女孩子是不是还绑着辫子说着不成熟的话，那你就太吝啬太心胸狭窄了。你应尽量说她的好话，如果你想不出来，也应该编造一些。

我父亲在和我母亲结婚以前，曾和一个迷人的红发少女订婚。我记得每当母亲赞美那个女孩美丽和讨人喜欢时，父亲总会不好意思地笑着，一面又装作若无其事的样子。父亲觉得母亲比较漂亮，母亲也晓得，但是母亲能够欣赏父亲的眼光，终究是很使父亲高兴的事。

**第四，对于每一件小事，都要表示谢意**

男人在结婚以后，带妻子到戏院、送给妻子一束紫罗兰、甚至只是每天早晨倒个垃圾，他也是很期盼听到妻子道谢的。

如果妻子将之视为理所当然而不加致谢，那么，这个丈夫就会觉得不该再做个傻瓜而停止取悦他的妻子。

有些女人并不知道丈夫每天为我们做了多少小服务，只因我们已习以为常了。我丈夫曾经被我认为对我没有什么帮忙，他不会换小孩子的尿片，或是拴紧一只漏水的水龙头。然而，有个夏天他跑到欧洲去了，我才很惊讶地发现，他每天都一直默默地帮我做了许许多多的琐事，而我却没有向他说过一声“谢谢”！

**第五，要互相谅解和体贴**

当丈夫换上拖鞋想要休息一下的时候，我们却兴致勃勃地穿上华服，这是很不像话的。具有爱心的妻子，应该先想到她丈夫在外面工作的需要，然后才盘算自己的需要。

我好不容易才学会这个道理，就在我的蜜月里——戴尔和我在俄克拉何马城度过了我们婚后的第一个星期，在那儿他正进行为期一周的系列演讲。那时我正全心全意幻想着新婚时所应有的幸福：赞美的语句、罗曼蒂克的情调、烛光和小提琴的演奏声……然而，我发觉自己只是坐在旅舍的房间里，独自一人在孤单的房子里欣赏着我的嫁妆，而我的新郎却正和委员们坐着研究他的演讲稿，一面和发起人讨论着事情。他太忙了，事实上我必须先和他订个时间，才能接近他，在那些我们能够共处的短暂时刻里，我一直对他表现出不悦的脸色。

现在回想起来，好在那时我的丈夫没有对我说：“请你先回到你的母亲那儿去，等到变成大人，没有孩子气的时候再来吧！”而把我送回娘家去。因为夫妻生活，绝不是像小孩子那样胡闹瞎搞的。

那么，做妻子的一生向丈夫奉献爱情，做丈夫的会明白吗？一定能明白的！现在我的桌上，就放着一封从维多利亚市金·乔治区30号的佛威克·C·安格士氏寄来的信。这封信，不止为他自己并代其他无数幸福的丈夫们说出所想说的话：

“我以为由于我娶了这个女孩，我才比任何人都要来得幸福。我所能给她的最大赞赏就是对她说，如果我能够回到32年前，而且能知道目前我现在的情形，我仍然希望和她结婚——只要她愿意再嫁我！如果我有任何成就，都是由于这位可爱的妻子的缘故。”

如果没有爱情，成功又有什么意思呢？没有爱，名利富贵就等同废物。如果你的丈夫从你深挚的爱情里，获得了安心和幸福，那么，他将带给你的更高的生活水平，也就指日可待了。

【摘要】妻子最伟大的贡献，如何给丈夫更深挚的爱情

●表现出你的深情与爱心。

●要有豁达的好心情。

●要有宽大的胸襟。

●说出谢意。

●互相谅解和体贴。